第四次全国中药资源普查（河北省）系列丛书

河北省药用重点物种
保存圃图鉴（第一册）

郑玉光　侯芳洁　主编

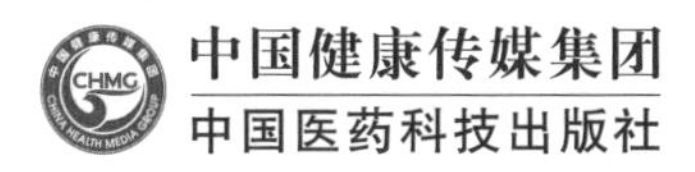

中国健康传媒集团
中国医药科技出版社

内容提要

本书在河北省第四次全国中药资源普查成果的基础上，对“河北省药用重点物种保存圃”内重点物种进行阐述。本书分总论、各论两部分：总论重点介绍茎、叶、花、果实、种子等植物器官的形态学知识。各论遴选50种河北省药用重点物种，从别名、来源、产地、功能主治、植物形态、采收、果实及种子形态、种子储藏要求等方面进行深入论述。

本书可供中药材种植、经营人员学习使用，也适合中药学、中药资源与开发、中草药栽培与鉴定等相关从业人员参考。

图书在版编目（CIP）数据

河北省药用重点物种保存圃图鉴．第一册 / 郑玉光，侯芳洁主编．— 北京：中国医药科技出版社，2021.10

（第四次全国中药资源普查（河北省）系列丛书）

ISBN 978-7-5214-2708-0

Ⅰ．①河… Ⅱ．①郑… ②侯… Ⅲ．①药用植物—种质资源—种质保存—河北—图集 Ⅳ．① S567.024-64

中国版本图书馆 CIP 数据核字（2021）第 202017 号

美术编辑 陈君杞
版式设计 也 在

出版 **中国健康传媒集团** | 中国医药科技出版社
地址 北京市海淀区文慧园北路甲 22 号
邮编 100082
电话 发行：010-62227427 邮购：010-62236938
网址 www.cmstp.com
规格 787 × 1092 mm $^1/_{16}$
印张 11 $^1/_4$
字数 264 千字
版次 2021 年 10 月第 1 版
印次 2021 年 10 月第 1 次印刷
印刷 三河市万龙印装有限公司
经销 全国各地新华书店
书号 ISBN 978-7-5214-2708-0
定价 68.00 元

获取新书信息、投稿、为图书纠错，请扫码联系我们。

本书编委会

主　编　郑玉光　侯芳洁

副主编　张　丹　郭　龙　孙会改　郭利霄

编　委　（按姓氏笔画排序）

王　乾　王少男　木盼盼　安　琪

严玉平　杨贵雅　张慧康　段绪红

常雅晴　景松松　樊伟旭　薛紫鲸

前言

河北省位于我国华北地区，高原、山地、丘陵、平原、盆地等地貌纵横交错，地形复杂，各地气温年较差、日较差较大，年平均降水量分布很不均匀。复杂的地形特点和气候差异，形成了河北省复杂的地理气候特点，同时也形成了丰富多样的中药资源。

河北省的中药材种植历史悠久，河北安国是我国北方最大的中药材集散地，素有“天下第一药市”之称。在长期的中药生产经营中，河北逐渐形成了一批以道地中药资源为主体的品质优良、疗效可靠、加工技术成熟且具有区域性特点的药用物种。

为促进中药资源的保护、开发和合理利用，国家中医药管理局自2011年开始，陆续组织开展了全国范围内的中药资源普查试点工作。河北省作为全国第二批启动的15个试点省份之一，于2012年正式启动普查工作，对河北省野生药用植物及栽培植物的种类、分布、资源变化趋势等进行深入考察，采集并保存了丰富的药用植物腊叶标本、药材标本和种质标本，应用河北中医学院“神农苑”药用植物园平台建设对河北省的药用重点物种进行了引种保护，形成了“河北省药用重点物种保存圃”。

本书在河北省第四次全国中药资源普查成果的基础上，对“河北省药用重点物种保存圃”内的河北省药用重点物种进行了长期针对性的考察与研究，并多次召开专家咨询会，以凸显区域品种特色、满足中药材产业种植需求、方便业内人士科研教学、促进中药知识宣传推广为编写原则而编写了《河北省药用重点物种保存圃图鉴》(第一册)。本书分总论和各论两部分：总论重点阐述茎、叶、花、果实、种子等植物器官的形态学知识；各论遴选50种河北省药用重点物种，按照物种重点程度进行排序，从别名、来源、产地、功能主治、植物形态、采收、果实及种子形态、种子储藏要求等方面进行了深入论述。本书可供中药材种植、经营人员学习使用，也适合中药学、中药资源与开发、中草药栽培与鉴定等相关从业人员参考。

本书在编写过程中得到众多业内专家的支持与指导，并得到众多同道的热心帮助，在此表示衷心的感谢。限于编写时间仓促，书中难免存在不足和疏漏之处，敬请广大读者提出宝贵意见，以便今后修订完善。

编 者

2021年6月

目 录

总 论

各论

总 论

药用植物的形态

第一节　茎

一、茎的形态和类型

茎的形态一般随着植物的不同而存在差异，大部分为圆柱形，但也有一些植物的茎不为圆柱形。一些唇形科的植物如紫苏等，这些植物的茎为方形，这是鉴别的一个重要特征。另外，多数植物的茎为实心，也有一些植物的茎为空心，如南瓜。

茎按照质地分为木质茎、草质茎、肉质茎。木质茎质地坚硬，较为发达，如枸杞、草麻黄、夹竹桃等。草质茎质地较为柔软，木质部不发达，具有草质茎的植物称为草本植物，如人参、黄连、马兜铃等。肉质茎质地比较柔软，肉质肥厚，如仙人掌。

茎按照生长习性分为直立茎、缠绕茎、攀援茎、匍匐茎。直立茎直立于地面，如银杏、杜仲。缠绕茎细长、不能直立、缠绕在其他作物上螺旋上升，如牵牛、五味子。攀援茎细长，自身不能直立生长、需要攀援结构依附他物上升，攀援茎上常有茎卷须，如栝楼、葡萄等；也有叶卷须如豌豆等；也有吸盘如爬山虎；也有钩成刺如钩藤、葎草；还有些有不定根如络石藤。匍匐茎细长，平卧地面，往往沿地面蔓延生长，节上有不定根，如草莓、番薯等；也有茎产生不定根，如地锦、马齿苋等。

二、茎的变态

有时候为了适应环境的变化，茎常常发生形态结构和生理功能的特化，从而形成各种变态的茎。按照茎的生长习性分为地上茎的变态和地下茎的变态。

（一）地上茎的变态

1. 叶状茎或叶状枝

茎为绿色的扁平状或针叶状，如仙人掌、天门冬。

2. 刺状茎

茎变为刺状，有的分枝有的不分枝。皂角等的枝刺有分枝；山楂等的枝刺无分枝，枝刺生长于叶腋的位置，与叶刺不同；月季花、花椒等茎上的皮刺属于叶刺。

3. 钩状茎

茎的一部分变态为钩状如钩藤。

4. 茎卷须

茎的一部分常常变为卷须状且质地柔软。如栝楼、丝瓜等。

5. 小块茎

一些植物的腋芽、叶柄上的不定芽可变态成无鳞片包被的块茎状，被称为小块根，如山药的零余子。

6. 小鳞茎

一些植物在叶腋或者花序处有腋芽或花芽形成鳞片覆盖的鳞茎状，如卷丹、洋葱、大蒜等。

（二）地下茎的变态

1. 根状茎

常横卧地下，节和节间较为明显，节上有退化的鳞片叶，具顶芽和腋芽。不同植株的根状茎形状不同。如直立型（人参、三七）；细长型（白茅、芦苇）；团块状（姜、白术）。

2. 块茎

肉质肥大、呈不规则块状，节间很短，节上具有芽及退化或早期枯萎脱落的鳞片，如天麻、半夏、马铃薯。

3. 球茎

肉质肥厚，呈球形或扁球形，具有明显的节和缩短的节间，节上有较大的膜质鳞叶片，如山慈菇等。

4. 鳞茎

呈球形或扁球形，茎极度缩短为鳞茎盘，被肉质肥厚的鳞叶所包围，顶端有顶芽，叶腋有腋芽，基部生不定根。如洋葱、百合、贝母。

第二节　叶

一、叶的组成

发育成熟的叶一般由叶片、叶柄和托叶三部分组成。有的植物有叶柄和叶片，但是无托叶；有的植物只有叶片。

（一）叶片

叶片是叶的主要部分，叶的顶端称为叶端或叶尖，基部称为叶基，周边称为叶缘。叶内分布着叶脉，叶脉是叶片的维管束，起着疏导和支持的作用。

（二）叶柄

叶柄是茎与叶的连接部位，常为圆柱形、半圆柱形或为稍扁平状，上表面多有凹槽。有些植物的叶柄具有膨胀的气囊，如水浮萍等水生植物；有些植物的叶柄具有膨大的关节，如含羞草等；有些植物的叶柄周围缠绕各种物体螺旋状扭曲，起着攀援作用，如旱金莲；有些植物的叶片退化，叶柄变成绿色叶片状，如柴胡等；有些植物的叶柄基部扩大成鞘状，部分或全部包裹着茎秆（称为叶鞘），如白芷、小茴香等伞形科的植物；有些禾本科植物的叶鞘是相当于叶柄的部位扩大形成，起到保护作用，如小麦、水稻；还有一些禾本科植物的叶鞘和叶片连接处有膜状的突起物（称为叶舌），或叶鞘与叶片连接处的边缘部分形成突起（称为叶耳）。另外，有些植物的叶不具有叶柄，叶片基部包围在茎上（称为抱茎叶），如苦荬菜；有些植物甚至无叶柄，叶柄基部或对生无叶柄的基部彼此愈合，被茎所贯穿，称为贯穿叶，如元宝草。

（三）托叶

托叶是叶柄基部的附属物，常对生于叶柄基部两侧。托叶的形态和有无是鉴定药用植物的重要依据。有些植物早期有托叶，叶长成后脱落，如桑、玉兰；有些植物的叶片很大呈叶片状，如茜草、豌豆等；有些植物的托叶与叶柄愈合成翅状，如金樱子、月季；有些植物的托叶特别细小，呈线状，如桑、梨。植物的托叶有时候也会发生变态，有的呈卷须状（菝葜）、刺状（刺槐）；有的联合成鞘状，包围在茎节的基部，称为托叶鞘，如大黄等蓼科植物。

二、叶的性状

（一）叶片的全形

叶片的大小和形状变化比较大，一般同一株植物上叶的形状相同，但也有同一株植物上叶的形状不同。常见的叶形有针形、披针形、矩圆形、椭圆形、卵形、圆形、条形、匙形、扇形、镰形、肾形、倒披针形、倒卵形、倒心形、提琴形、菱形、楔形、三角形、心形、鳞形、盾形、箭形、戟形。

（二）叶端

叶片的尖端称为叶端，常见的形状为尾尖、渐尖、钝形、微凹、微缺、倒心形、截形、芒尖等。

（三）叶基

叶片的基部称为叶基，常见的形状有钝形、心形、楔形、耳形、箭形、渐狭、歪斜、抱茎等。

（四）叶缘

叶片的边缘称为叶缘。叶片的边缘生长速度均一,一般为叶全缘；生长速度不均匀就会出现叶缘不平整的现象，常见的有波状、牙齿状、锯齿状、重锯齿状、圆齿形。

（五）叶脉和叶序

叶脉是叶片的维管束，其中最大的叶脉称为主脉，主脉的分枝称为侧脉、侧脉的分枝称为细脉。叶脉在叶片中的排列方式称为脉序，分为分叉脉序、平行脉序、网状脉序。

1．分叉脉序

每条叶脉呈多级二叉分枝状，在蕨类植物中普遍存在。

2．平行脉序

叶脉多不分枝，彼此近似于平行。主脉和侧脉自叶片基部平行伸出直到尖端者称为平行脉序，如淡竹叶；主脉明显，其两侧有许多平行排列的侧脉与主脉垂直，称为横出平行脉，如芭蕉；各条叶脉均自基部以辐射状态伸出，称为射出平行脉，如棕榈；叶脉从基部射出直达叶尖，中间的叶脉呈弧形弯曲，称为弧形叶脉，如车前。

3．网状脉序

主脉明显，经多级分枝后，最细小的叶脉连接成网状。主脉明显，其两侧分出许多侧脉，侧脉间又有许多细脉交织成网状，称为羽状网脉，如桃；基部分出多部较粗大的叶脉，呈辐射状伸向叶缘，再多级分枝形成网状，称为掌状网脉，如南瓜。有一些单子叶植物如天南星，也有网状脉序，但是叶脉的末梢大多数都是连接的，没有游离，可以以此来鉴别单子叶植物与双子叶植物。

（六）叶片的质地

常见的有膜质（半夏、麻黄）、草质（薄荷、商陆）、革质（枇杷、夹竹桃）、肉质（仙人掌）。

（七）叶片表面的附属物

有的植物叶表面光滑，如冬青；有的被粉，如芸香等；有的粗糙，如紫草等；有的被毛，如蜀葵等。

三、叶片的分裂、单叶和复叶

（一）叶片的分裂

常见的叶片分裂类型为羽状分裂、掌状分裂和三出分裂三种。根据叶片分裂的程度不同，分为浅裂、深裂、全裂。

（二）单叶和复叶

1. 单叶

1 个叶柄上只有 1 枚叶片，称为单叶。如厚朴等。

2. 复叶

1 个叶柄上有 2 枚或 2 枚以上的叶片，称为复叶。根据小叶的数目和在叶轴上排列的方式不同，复叶又可以分为三出复叶、掌状复叶、羽状复叶和单身复叶。

（1）三出复叶　叶轴上有 3 枚小叶子的复叶称为三出复叶；顶端小叶有叶柄称为羽状三出复叶；顶端小叶无叶柄称为掌状三出复叶。

（2）掌状复叶　叶轴缩短，在其顶端集生 3 片以上小叶，呈掌状展开，如酢浆草、半夏。

（3）羽状复叶　叶轴长，小叶片在叶轴两侧排成羽毛状，顶端生有 1 片小叶的称为单数羽状复叶，如槐树。若复叶顶端生有 2 片小叶的称为双数羽状复叶，如决明。

（4）单身复叶　叶轴上只有 1 枚叶片，是一种特殊形态的复叶，可能是由三出复叶两侧的小叶退化为翼状形成，顶生小叶与叶轴连接处具一明显的关节，如橘、柚等。

四、叶序

1．互生

指在茎枝的每一节上只有一枚叶子，各叶之间相互交错而生，如桑、桃等。

2．对生

指在茎枝的每个节上都着生 2 枚叶子。有的相邻的两枚叶子成十字形交互对生，如薄荷等；有的排列于茎的两侧，如女贞等。

3．轮生

指每个节上轮生 3 枚或 3 枚以上的叶。如直立百部、轮叶沙参等。

4．簇生

指 2 枚或 2 枚以上的叶着生在短枝上成簇状，如银杏等。

第三节　花

一、花的组成

典型的花是由花梗、花托、花萼、花冠、雄蕊群和雌蕊群等部分组成。花梗和花托起支持作用，花萼和花被起保护作用，雄蕊群和雌蕊群具有生殖功能。

二、花的形态

（一）花梗

花梗通常为绿色圆柱形，是花与茎的连接部分。果实成熟时花梗就成为果柄。

（二）花托

花托是花梗顶端膨大的部位，其上着生花叶。大多数花托呈平坦或稍凸起的圆顶状，还有一些呈圆柱状、圆锥状、扁平垫状等。

（三）花被

1．花萼

一朵花的花萼彼此分离称为离生花萼，如菘蓝；花萼片中下部联合的称为合生花萼，如丹参，联合的部分称为萼筒或者萼管。有些植物的萼筒一边向外凸起，呈伸长的管状，称距，如凤仙花。一般植物的花萼在花谢时脱落，或稍晚脱落，或枯萎；有些植物的花萼在花开时即脱落，称早落萼，如白屈菜；有些植物的花萼不脱落并随果实一起长大，称宿存萼，如柿。花托下方花梗中部或基部的叶片状结构称为苞片，如石竹。有的萼片大而颜色鲜艳呈瓣状，称瓣状萼，如铁线莲；菊科植物花萼常变态成羽毛状，称冠毛，如蒲公英；苋科植物的花萼常变成半透明膜质状，如牛膝。

2. 花冠

花冠是一朵花中所有花瓣的总称，常常具有各种鲜艳的颜色。花冠的形态多种多样，常见的类型有十字形、蝶形、唇形、管状、舌状、漏斗状、高脚蝶状、钟状、辐状或轮状。

（1）十字形　花瓣 4 枚，分离，常具爪，上部外展呈十字形排列，如菘蓝。

（2）蝶形　花瓣 5 枚，分离，上方一枚位于最外侧且最大称为旗瓣；侧方 2 枚较小称为翼瓣；最下方 2 枚最小且位于最内侧，瓣片前端常联合并向上弯曲，排列成 V 字形，称为龙骨瓣，如甘草等。

（3）唇形　花冠下部联合成筒状，前端分裂成两部分，上下排列为二唇，上唇中部常凹陷，再分裂为 2 枚裂片，下唇常再分裂为 3 枚裂片，如益母草等唇形科植物。

（4）管状　花冠合生，花冠筒细长呈管状，前端 5 齿裂，辐射状排列，如红花等菊科植物。

（5）舌状　花冠基部联合呈一短筒，上部向一侧延伸呈扁平舌状，前端 5 齿裂，如蒲公英等菊科植物。

（6）漏斗状　花冠筒长，自下向上逐渐扩大，前端一般无明显的裂片，如牵牛。

（7）高脚蝶状　花冠下部细长，上部分裂并水平展开呈蝶状，如水仙等。

（8）钟状　花冠筒阔而短，上部裂片扩大似钟形，如沙参、桔梗等。

（9）辐状或轮状　花冠筒短、宽广，裂片由基部向四周扩散，形如车轮状，如龙葵等。

（四）雄蕊的组成

典型的雄蕊由花药和花丝组成，有少数植物的花的雄蕊不具有花药，称其为不育雄蕊或退化雄蕊，如丹参等；还有一些植物的花的雄蕊变态为没有花药和花丝之分而成花瓣状，如姜等。

1. 花丝

为雄蕊下部的细柄，其基部着生于花托上，顶部为花药。不同植物的花丝粗细、长短不同。

2. 花药

为花丝顶部膨大的囊状体，花药常分成两瓣，中间借药隔相连，雄蕊成熟时花药从中散落，花粉粒散出。花药的开裂方式常见的有纵裂及沿花粉囊纵轴线开裂；有瓣裂，即花粉囊形成1~4个向外展开的小瓣，成熟时瓣向上掀起，散出花粉；也有孔裂，即花粉囊顶端开裂一个小口，花粉由孔中散出。花药在花丝上的着生方式常见的有丁字着药，即花药的一点着生在花丝顶端，各瓣平行斜展，与花丝略呈丁字形；个字着药，即花药的药隔联合部位着生在花丝顶端，下部分离并侧向平展，花药与花丝呈个字形；广歧着药，即花药两瓣完全分离平展近乎一条直线，中间的药隔处着生在花丝顶端；全着药，即花药全部贴在花丝上；基着药，即花药基部着生在花丝上；背着药，即花药的背部着生在花丝顶端。

（五）雌蕊的组成

雌蕊由子房、花柱和柱头组成。

1．子房

雌蕊的基部膨大成囊状，底部着生在花托上。子房与花被、雄蕊的位置关系反应花位的情况。子房上位即子房仅底部与花托相连；子房半下位即子房的下半部分着生于凹陷的花托中并与花托愈合，上半部分外漏；子房下位即花托凹陷，子房完全生于花托内并与花托愈合。

2．花柱

是子房上端收缩变细并上延的颈部位置。不同植物的花柱粗、细、长、短都不相同，甚至有些植物的花柱和雄蕊合生成1柱状，合称蕊柱。

3．柱头

是花柱顶端稍膨大的部分，承受花粉的位置。柱头常呈圆盘状、羽毛状、星状、头状等。

三、花序

（一）无限花序

1．总状花序

花序轴细长，其上着生许多花梗相近的小花，如菘蓝等。

2．复总状花序

花序轴产生许多分枝，每一分枝各成一总状花序，整个花序似圆锥形，又称圆锥形花序，如女贞等。

3．穗状花序

花序轴细长，其上着生许多花梗极短或无花梗的小花，如车前、夏枯草等。

4．复穗状花序

花序产生分枝，每一个小枝各成一个穗状花序，如小麦、香附等。

5．葇荑花序

形状似穗状花序但是花序下垂，其上着生许多小花，如杨柳等。

6．肉穗花序

花序轴肉质肥大成棒状，上着生许多单性小花，花序外常有一大型苞片，称佛焰苞，如天南星等。

7．伞房花序

相比总状花序，伞房花序花轴下部的花梗较长，上部的花梗依次渐短，整个花序几乎排列在一个平面上，如山楂等。

8．伞形花序

花序轴缩短，在总花梗顶端聚集许多花梗近等长的小花，放射状排列成伞形，如人参等。

9．复伞形花序

花序轴顶端集生许多近等长的伞形分枝，每一分枝又形成伞形花序，如前胡等。

10．头状花序

花序轴顶端缩短膨大成头状或盘状的花序托，其上集生许多无梗的小花，常有 1 层至数层总苞片组成总苞，如向日葵。

11．隐头花序

花序轴肉质膨大而下凹成中空的球体，其凹陷的内壁着生许多无梗的单性小花，顶端仅有 1 小孔，如无花果。

（二）有限花序

1．单歧聚伞花序

花序轴顶端生一朵花，在其下方产生一侧轴，侧轴顶端同样生一小花，形成单歧聚伞花序。如果花的分枝都在一侧则称螺旋聚伞花序，如附地菜；若分枝在两侧产生，则称蝎尾状聚伞花序。

2．二歧聚伞花序

花序轴顶端生一朵花，在其下方两侧同时各产生一等长侧轴，每个侧轴再以同样的方式开花并分枝，如卫矛等。

3．多歧聚伞花序

花序轴顶端生一花，其下方同时生长着比主轴长的侧轴数个，各个侧轴又形成小的聚伞花序，如大戟、甘遂等。

4. 轮伞花序

生于对生叶的叶腋成轮伞状排列，如益母草等。

第四节 果实

果实类型

果实的类型分为单果、聚合果、聚花果 3 大类。

（一）单果

即一朵花形成一个果实，按照质地不同分为肉质果和干果。

1. 肉质果

分为浆果、柑果、核果、瓠果和梨果 5 类。

（1）浆果 是由单雌蕊或复雌蕊的上位或下位子房发育形成的果实，外果皮薄，中果皮和内果皮肥厚、肉质多浆，内有 1 至多粒种子，如枸杞等。

（2）柑果 由复雌蕊的上位子房发育完成，外果皮较厚内含多数油室；中果皮和外果皮结合，常疏松呈白色海绵状，内有多数分枝的维管束；内果皮膜质，分隔成多室，内壁上生有许多肉质多汁的囊状毛，如橙、柚等。

（3）核果 由单雌蕊的上位子房发育完成，外果皮薄，中果皮肉质肥厚，内果皮由木质化的石细胞形成的坚硬果核，内含有 1 粒种子，如桃。

（4）瓠果 由 3 个心皮复雌蕊的具侧膜胎座的下位子房与花托一起发育完成的假果，中、内果皮及胎座肉质，成为果实的可食用部分，如葫芦等。

（5）梨果 由 2~5 个心皮复雌蕊的下位子房与花筒一起发育而成的假果，可以食用的部分是由花筒与外、中果皮一起发育而成的，内果皮坚韧，革质或木质，常分隔成 2~5 室，每室含 2 粒种子，如梨等。

2. 干果

分为裂果和不裂果 2 类。

（1）裂果 成熟后果皮自行开裂，根据开裂的方式不同又分为以下 4 种。

①蓇葖果：由单雌蕊或离生心皮雌蕊发育形成，成熟时沿腹缝线或背缝线一侧开裂，一朵花形成 1 至数个蓇葖果，如杠柳、八角茴香等。

②荚果：由单雌蕊发育形成的果实，在成熟时沿腹缝线和背缝线同时开裂，果皮裂成 2 片或在种子间呈节节断裂，或呈螺旋状，或种子间缢缩成念珠状。

③角果：由 2 个心皮复雌蕊发育而成，果实成熟时呈 2 片脱落，角果是十字花科特

有的果实，分为长角果（萝卜、油菜）和短角果（独行菜、菘蓝）。

④蒴果：由复雌蕊发育而成，每室含多数种子，果实成熟时开裂方式较多，常见的有纵裂（如蓖麻、马兜铃）、孔裂（如罂粟、桔梗等）、盖裂（如马齿苋、车前等）、齿裂（如王不留行、瞿麦等）。

（2）不裂果　在果实成熟后果皮不开裂或分离成几部分，但种子仍然包被于果皮中。常分为瘦果、颖果、坚果、翅果、胞果、双悬果。

①瘦果：含单粒种子，成熟时果皮与种皮不易分离，如何首乌；菊科植物的瘦果是由下位子房与萼筒共同形成的，又称菊果，如蒲公英。

②颖果：内含 1 粒种子，成熟时果皮与种皮分离，如小麦、玉米。

③坚果：果皮坚硬，内含 1 粒种子，成熟时果皮与种皮分离，如板栗；有的特小，无壳斗包围称小坚果，如益母草等。

④翅果：果皮一端或周边向外延伸成翅状，果实内含 1 粒种子，如杜仲等。

⑤胞果：果皮薄，膨胀疏松地包围种子，与种皮极易分离，如地肤等。

⑥双悬果：为伞形科特有的果实，果实成熟后心皮分离成 2 个分果，每个分果内各有 1 粒种子，如白芷、当归等。

（二）聚合果

由一朵花中许多离生雌蕊形成的果实，每个雌蕊形成的单果，聚生在同一花托上。通常分为聚合浆果、聚合核果、聚合蓇葖果、聚合瘦果、聚合坚果。

（1）聚合浆果　许多浆果在延长或不延长的花托上，如北五味子。

（2）聚合核果　许多核果聚生于突起花托上，如悬钩子等。

（3）聚合蓇葖果　许多蓇葖果聚生在同一花托上，如乌头等。

（4）聚合瘦果　许多瘦果聚生在花托上，如白头翁等。蔷薇科中许多骨质的瘦果聚生于凹陷的花托中，称蔷薇果，如金樱子等。

（5）聚合坚果　许多坚果嵌生于膨大、海绵状的花托中，如莲。

（三）聚花果

聚花果是由整个花序发育而成的果实，每朵花发育成熟后聚生在花序轴上如凤梨、无花果等。

第五节　种子

一、种子的形态

种子的形态主要包括其形状、大小、色泽和表面的纹理等特征，不同植物的种子的形态不同。有些种子呈圆形、椭圆形、肾形、卵形、圆锥形等。种子的大小差异比较悬殊，如椰子、槟榔的种子较大；菟丝子的种子较小；白及和天麻的种子为粉末状。种子的颜色多样，红豆的种子为红色；黑豆的种子为黑色；相思子一端为红色，一端为黑色；蓖麻种子的表面由一种或几种颜色交织成各种花纹和斑点。不同种子表面的纹理也不相同，有的光滑具有光泽，如青葙的种子等；有的粗糙，如天南星的种子；有的有褶皱，如车前的种子；有的密生瘤状突起，如太子参的种子；有的具有翅，如木蝴蝶的种子；有的顶端具有毛绒，如白前的种子等。

二、种子组成

种子一般由种皮、胚、胚乳 3 部分组成。也有种子没有胚乳，也有种子还具有外胚乳。

1. 种皮

种皮是由胚珠的珠被发育而来的，包被于种子的表面，起保护作用。种皮有 1 层和 2 层，有干性和肉质的区分。种皮上可以看到种脐、种孔、合点、种脊、种阜。

2. 胚乳

胚乳是极核细胞受精发育而成，常位于胚的周围，呈白色，是种子的营养组织。有些种子具有外胚乳，而有些种子不具有外胚乳；亦有外胚乳内层细胞向内伸入，与类白色的内胚乳交错形成错入组织，如肉豆蔻。

3. 胚

胚是由卵细胞受精后发育而成，是种子尚未发育的幼小植物体，由胚根、胚轴、胚芽、子叶组成。

三、种子的休眠与萌发

（一）种子的休眠

有些种子在成熟后如果条件合适就能萌发，但是一些植物的种子不能立即发芽，需要经过一段时间才能发芽，这种特性称为种子的休眠。其休眠的主要原因有：①种皮太厚不易通气透水而限制种子的萌发。②种子内的胚尚未成熟，需要经过一段休眠时期，等胚充分成熟后才能萌发，称为后熟现象。③某些抑制性物质的存在阻碍了种子的萌发，只有脱离了这些抑制性物质，才能使种子正常萌发。

（二）种子的萌发

成熟、干燥的种子，在缺乏一定外界条件时，处于休眠状态，这时种子的胚几乎完全处于停止生长的状态，一旦解除休眠，获得适宜的环境条件时，休眠的胚就会转入活跃状态，开始成长，这一过程称为种子的萌发。种子萌发所不可缺少的条件是充足的水分、适宜的温度、充足的氧气，有些种子还需要适当的光照。

各 论

1. 黄芩

【别名】黄筋子、香水水草。

【来源】唇形科多年生草本植物黄芩 *Scutellaria baicalensis* Georgi。

【产地】主产于河北、北京、山西、内蒙古、河南、山东等地。

【功能主治】黄芩根入药称黄芩，具有清热燥湿，泻火解毒，止血，安胎的功效。用于湿温、暑湿，胸闷呕恶，湿热痞满，泻痢，黄疸，肺热咳嗽，高热烦渴，血热吐衄，痈肿疮毒，胎动不安。

【植物形态】茎基部伏地，上升，高（15~）30~120 cm，基部径 2.5~3 cm，钝四棱形，具细条纹，近无毛或被上曲至开展的微柔毛，绿色或带紫色，自基部多分枝（图 1–1）。叶坚纸质，披针形至线状披针形，长 1.5~4.5 cm，宽（0.3~）0.5~1.2 cm，顶端钝，基部圆形，全缘（图 1–2），上面暗绿色，无毛或疏被贴生至开展的微柔毛，下面色较淡，无毛或沿中脉疏被微柔毛，密被下陷的腺点，侧脉 4 对，与中脉上面下陷下面凸出；叶柄短，长 2 mm，腹凹背凸，被微柔毛（图 1–3）。花序在茎及枝上顶生，总状，长 7~15 cm，常再于茎顶聚成圆锥花序；花梗长 3 mm，与序轴均被微柔毛；苞片下部者似叶，上部者远较小，卵圆状披针形至披针形，长 4~11 mm，近于无毛（图 1–4）。花

图 1–1 黄芩

图1-2　黄芩的叶序

萼开花时长 4 mm，盾片高 1.5 mm，外面密被微柔毛，萼缘被疏柔毛，内面无毛，果时花萼长 5 mm，有高 4 mm 的盾片（图 1–5）。花冠紫色、紫红色至蓝色，长 2.3~3 cm，外面密被具腺短柔毛，内面在囊状膨大处被短柔毛；冠筒近基部明显膝曲，中部径 1.5 mm，至喉部宽达 6 mm；冠檐 2 唇形，上唇盔状，先端微缺，下唇中裂片三角状卵圆形，宽 7.5 mm，两侧裂片向上唇靠合（图 1–6）。雄蕊 4，稍露出，前对较长，具半药，退化半药不明显，后对较短，具全药，药室裂口具白色髯毛，背部具泡状毛；花丝扁平，中部以下前对在内侧，后对在两侧，被小疏柔毛（图 1–7）。花柱细长，先端锐尖，微裂。花盘环状，高 0.75 mm，前方稍增大，后方延伸成极短子房柄。子房褐色，无毛（图 1–8）。

【采收】花期 7~8 月，果期 8~9 月，待果实成熟时及时采摘，除去杂质，保存。

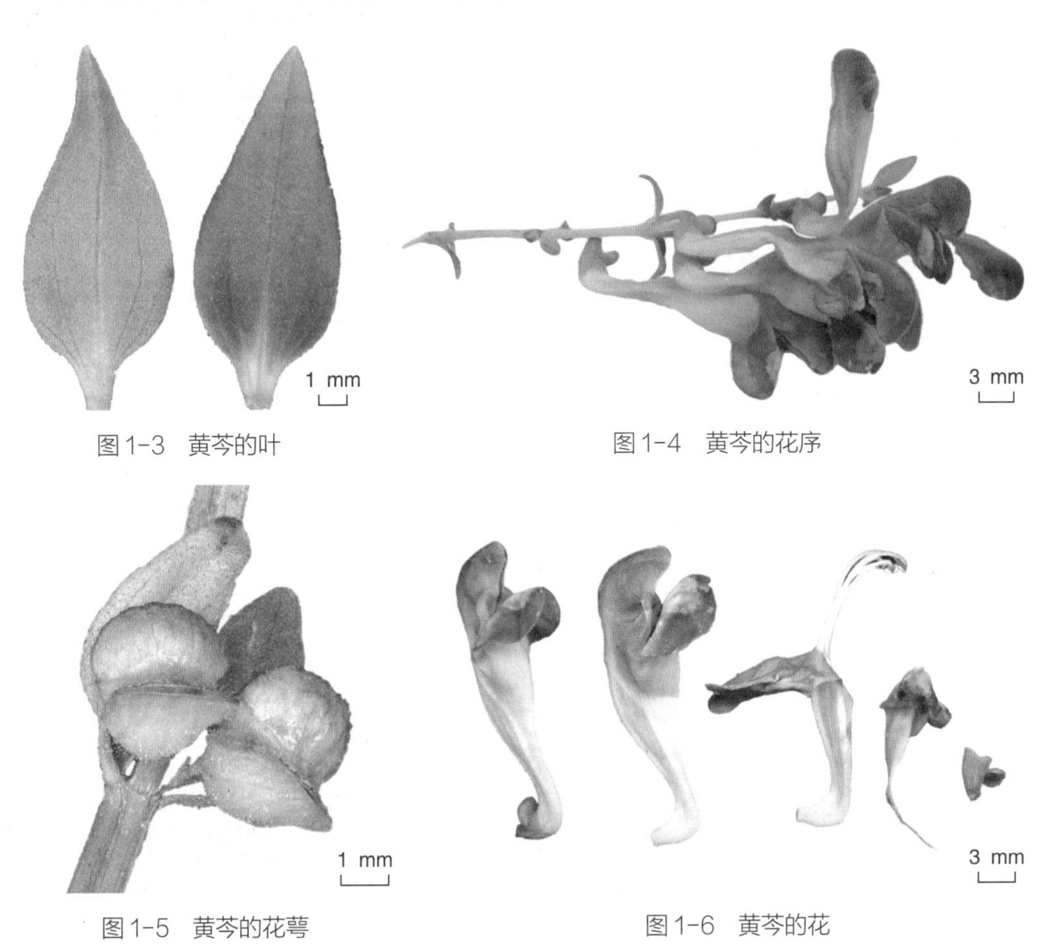

图1-3　黄芩的叶

图1-4　黄芩的花序

图1-5　黄芩的花萼

图1-6　黄芩的花

图1-7　黄芩的雄蕊

图1-8　黄芩的子房

【果实及种子形态】小坚果卵球形，高1.5 mm，直径1 mm，黑褐色，具瘤，腹面近基部具果脐（图1-9）。种子卵圆形，黑色，长约1.5 cm，宽约1 cm，表面颗粒状，种子圆形（图1-10、图1-11、图1-12）。

【种子储藏要求】正常型，常温干燥储存。

图1-10　黄芩的种子

图1-9　黄芩的果实

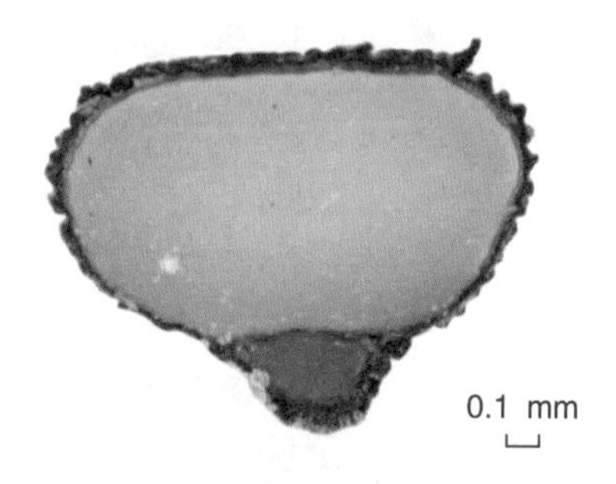

图1-11　黄芩的种子横切面

图1-12　黄芩的种子纵切面

2. 知母

【别名】蒜辫子草、兔子油草。

【来源】百合科多年生草本植物知母 *Anemarrhena asphodeloides* Bge。

【产地】主产于河北、山西、内蒙古；此外，辽宁、吉林、黑龙江、陕西、甘肃、宁夏、山东等地也有。

【功能主治】知母根茎入药称知母，具有清热泻火，生津润燥的功效。用于外感热病，高热烦渴，肺热燥咳，骨蒸潮热，内热消渴，肠燥便秘。

【植物形态】叶长 15~60 cm，宽 1.5~1 mm，先端渐尖而成近丝状，基部渐宽而成鞘状，具多条平行脉，没有明显的中脉（图 2–1）。花葶比叶长得多；总状花序通常较长，可达 20~50 cm（图 2–2）；花粉红色、淡紫色至白色；花被片条形 6，2 轮，长 5~10 mm，中央具 3 脉，宿存（图 2–3）。雄蕊 3，花药（图 2–4）。

图 2–1　知母叶

【采收】花期 5~8 月，果期 8~9 月，待果实成熟时，采集种子，晒干，除去杂质。

【果实及种子形态】蒴果狭椭圆形，长 8~13 mm，宽 5~6 mm，顶端有短喙（图 2–5）。种子较大，长 7.5~12 mm，宽 2.1~4.2 mm，黑色，具 3~4 个翅状棱，每株可收种子 5~7g（图 2–6、图 2–7、图 2–8）。

图 2–2　知母的花葶

【种子萌发特性】知母种子具有休眠性，其发芽适宜温度为 20~30 ℃，20 ℃下发芽 6 天，发芽率达到 92%。贮藏 2 年的种子发芽率为 40%~50%。赤霉素、6–BA、$KmnO_4$、KNO_3 处理均能促进知母种子的萌发，其中 0.1%6–BA 浸种 24 小时是促进种子萌发的最佳浓度和方法。知母种子具有一定的耐盐碱能力，0.4463%NaCl 可胁迫知母种子的萌发，$NaHCO_3$ 胁迫下知母种子萌发的耐盐浓度为 0.4968%。NaCl 浓度增加会抑制知母种子萌发，同时也抑制幼苗的生长，其发芽率、发芽势均会下降。

【种子贮藏要求】正常型，置于通风干燥处储存。

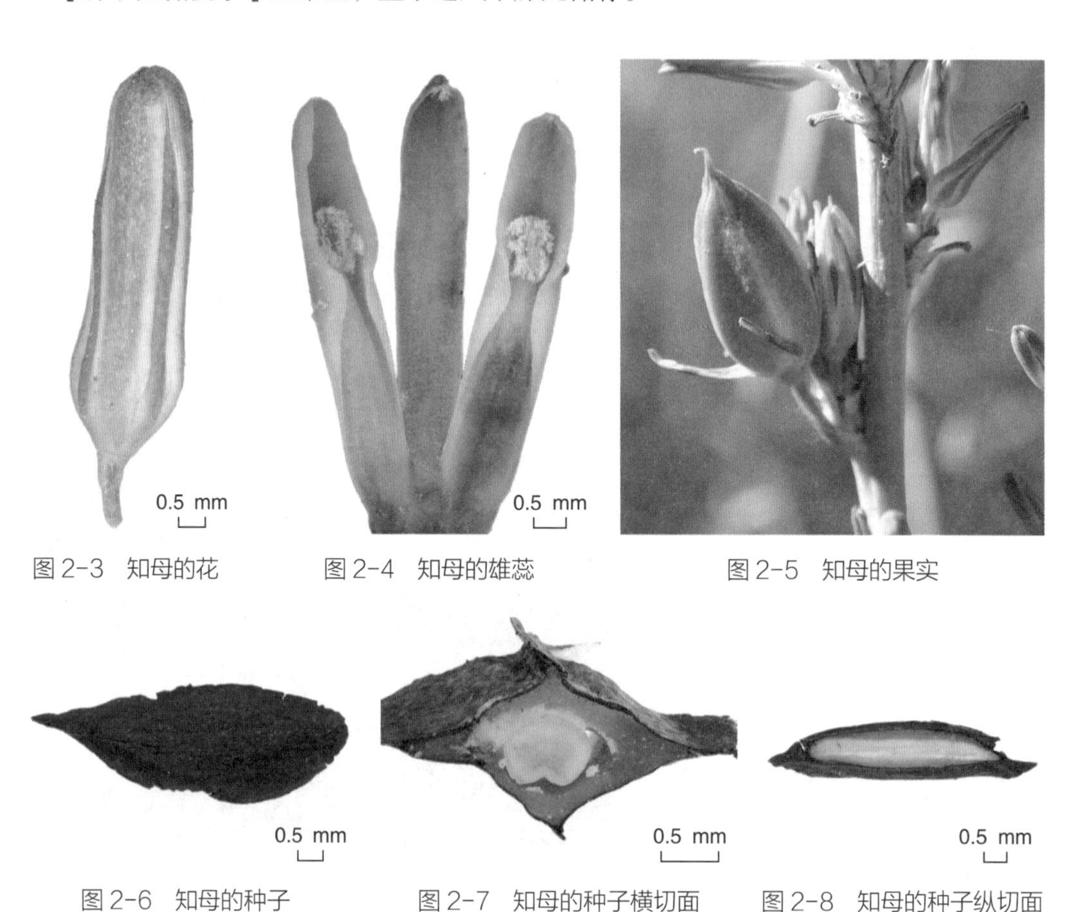

图 2-3　知母的花　图 2-4　知母的雄蕊　图 2-5　知母的果实

图 2-6　知母的种子　图 2-7　知母的种子横切面　图 2-8　知母的种子纵切面

3. 酸枣

【别名】山枣、野枣、山酸枣、野枣。

【来源】鼠李科木本植物酸枣 *Ziziphus jujuba* Mill. var. *spinosa*（Bunge）Hu ex H. F. Chou。

【产地】主产于河北、辽宁、河南、山东、山西、内蒙古、江苏、安徽、湖北、陕西、甘肃、四川等地。

【功能主治】酸枣种子入药称酸枣仁，具有养心补肝，宁心安神，敛汗，生津的功效。用于虚烦不眠，惊悸多梦，体虚多汗，津伤口渴。

【植物形态】乔木。树皮褐色或灰褐色；有长枝，短枝和无芽小枝（即新枝）比长枝光滑，紫红色或灰褐色，呈之字形曲折，具 2 个托叶刺，长刺可达 3 cm，粗直，短刺下弯，长 4~6 mm；短枝短粗，矩状，自老枝发出；当年生小枝绿色，下垂，单生或 2~7 个簇生于短枝上（图 3-1）。叶纸质，卵形、卵状椭圆形或卵状矩圆形；长 3~7 cm，宽 1.5~4 cm，顶端钝或圆形，稀锐尖，具小尖头，基部稍不对称，近圆形，边缘具圆齿状锯齿，上面深绿色，无毛，下面浅绿色，无毛或仅沿脉多少被疏微毛，基生三出脉；叶柄长 1~6 mm，或在长枝上的可达 1 cm，无毛或有疏微毛；托叶刺纤细，后期常脱落

图 3-1 酸枣

（图 3–2）。花黄绿色，两性，5 基数，无毛，具短总花梗，单生或 2~8 个密集成腋生聚伞花序；花梗长 2~3 mm（图 3–3）；萼片卵状三角形；花瓣倒卵圆形，基部有爪，与雄蕊等长，花药与花瓣对生；花盘厚，肉质，圆形，5 裂（图 3–4），花药两室纵裂（图 3–5）；子房下部藏于花盘内，与花盘合生,2 室，每室有 1 胚珠，花柱 2 半裂（图 3–6）。

【采收】秋季果实成熟时用枣杆震枝，使枣果落地，再捡拾。将果实浸泡一宿，去除果肉，捞出果核；或晒干后碾压取核，果核用力适中，上午碾磨破壳，去除果壳，筛取种仁，晒干。

【果实及种子形态】核果小，近球形或短矩圆形，直径 0.7~1.2 cm，具薄的中果皮，味酸，核两端钝（图 3–7）。种子呈扁圆形或扁椭圆形，长 5~9 mm，宽 5~7 mm，厚约 3 mm。表面紫红色或紫褐色，平滑有光泽，有的有裂纹。一面较平坦，中间有 1 条隆起的纵线纹；另一面稍凸起。一端凹陷，可见线形种脐；另端有细小凸起的合点。种皮较脆，胚乳白色，子叶 2，浅黄色，富油性（图 3–8、图 3–9、图 3–10）。

【种子萌发特性】赤霉素溶液浸泡种子可以打破酸枣种子的休眠，能够显著提高酸枣种子的发芽率和发芽势。用 0.8% 赤霉素浸种 24 小时，可使去壳酸枣的发芽率和发芽

图 3–2　酸枣的叶

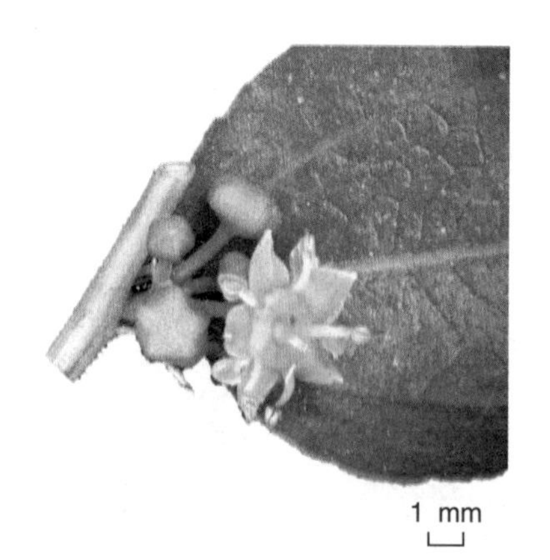

图 3–3　酸枣的花序

图 3–4　酸枣的花

图 3–5　酸枣的花药

势以及发芽指数达到 0.815、0.735 和 9.340；层积处理 (含壳) 在室温下，发芽率可达到 48.5%，但其效果在 4℃和 −20℃下不明显。用 800 mg/L 赤霉素溶液处理去壳的酸枣种子，是提高酸枣种子发芽率的最佳的种子处理方法。

【种子贮藏要求】正常型，置于通风干燥处贮藏。

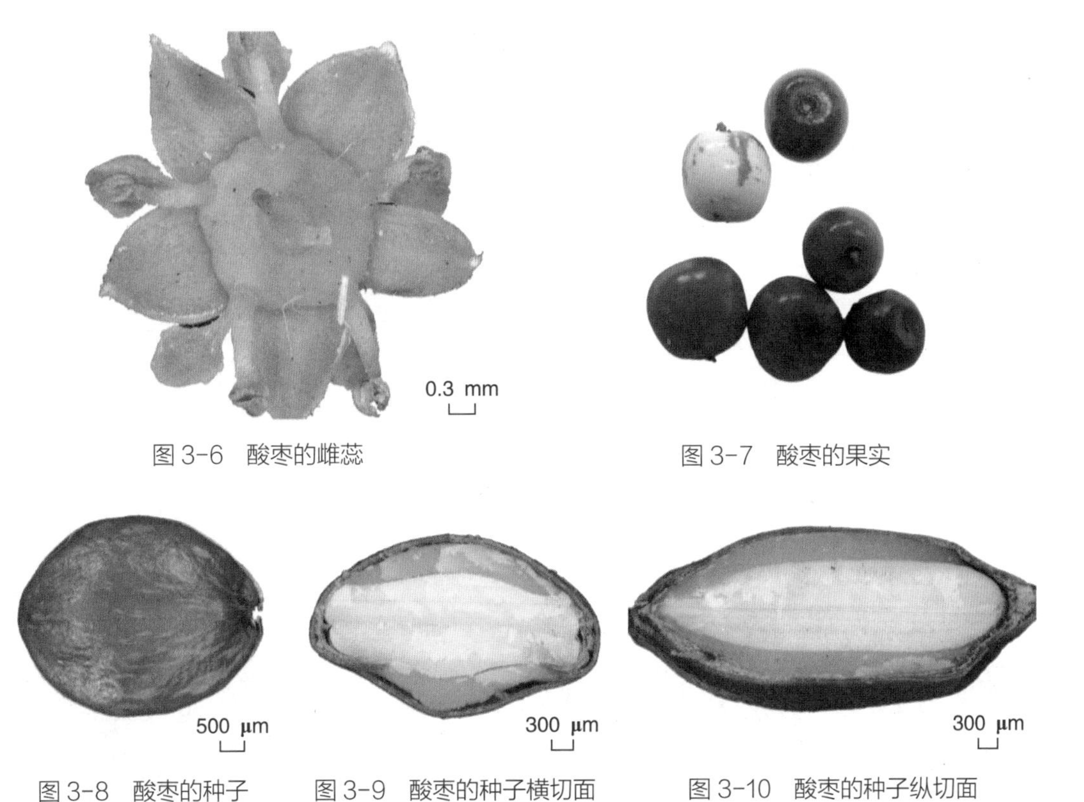

图 3-6　酸枣的雌蕊

图 3-7　酸枣的果实

图 3-8　酸枣的种子

图 3-9　酸枣的种子横切面

图 3-10　酸枣的种子纵切面

4. 北柴胡

【别名】柴胡、竹叶柴胡、硬苗柴胡、韭叶柴胡。

【来源】伞形科多年生草本植物北柴胡 *Bupleurum chinense* DC.。

【产地】主产于河北、河南、内蒙古、山西、黑龙江、吉林、辽宁、陕西、山东、北京、湖北等地。

【功能主治】北柴胡的干燥根入药称柴胡，具有疏散退热，疏肝解郁，升举阳气的功效。用于感冒发热，寒热往来，胸胁胀痛，月经不调，子宫脱垂，脱肛。

【植物形态】多年生草本，高 50~85 cm。主根较粗大，棕褐色，质坚硬。茎单一或数条，表面有细纵槽纹，实心，上部多回分枝，微作之字形曲折（图 4–1）。基生叶倒披针形或狭椭圆形，长 4~7 cm，宽 6~8 mm，顶端渐尖，基部收缩成柄，早枯落（图 4–2）；茎中部叶倒披针形或广线状披针形，长 4~12 cm，宽 6~18 mm、有时达 3 cm，顶端渐尖或急尖，有短芒尖头，基部收缩成叶鞘抱茎，脉 7~9，叶表面鲜绿色，背面淡绿色，常有白霜；茎顶部叶同形，但更小（图 4–3）。复伞形花序很多，花序梗细，常水平伸出，形成疏松的圆锥状（图 4–4）；总苞片 2~3，或无，甚小，狭披针形，

图 4–1　北柴胡

长 1~5 mm，宽 0.5~1 mm，3 脉，很少 1 或 5 脉；伞辐 3~8，纤细，不等长，长 1~3 cm（图 4–5）；小总苞片 5，披针形，长 3~3.5 mm，宽 0.6~1 mm，顶端尖锐，3 脉，向叶背凸出；小伞直径 4~6 mm，花 5~10 朵；花柄长 1 mm；花直径 1.2~1.8 mm（图 4–6）；花瓣鲜黄色，上部向内折，中肋隆起，小舌片矩圆形，顶端 2 浅裂；雄蕊 5，与花瓣互生，花药为背着药，纵裂；花柱基深黄色，宽于子房（图 4–7）。

图 4–2　北柴胡的基生叶

图 4–3　北柴胡的茎中叶

图 4–4　北柴胡的花序

图 4–5　北柴胡的伞辐

图 4–6　北柴胡的小伞辐及小苞片

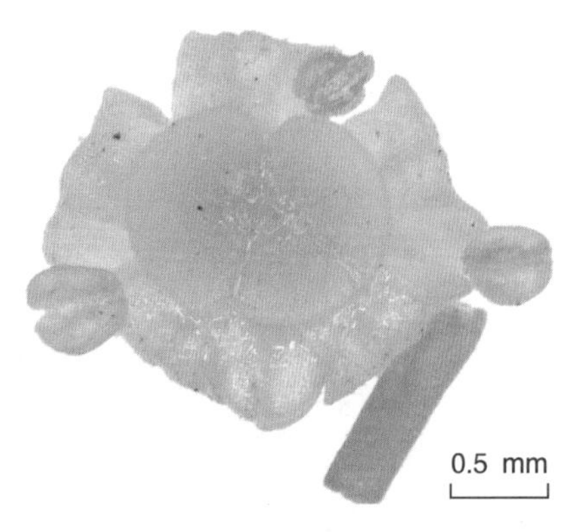

图 4–7　北柴胡的花

【采收】花期9月，果期10月。于秋季种子成熟时，将果序割下，扎成把放阴凉处晾干，避免受潮，脱粒除净杂质，贮存于牛皮纸袋中，放干燥阴凉处保存。

【果实及种子形态】双悬果，果广椭圆形，棕色，两侧略扁，分果瓣形似香蕉。长约3 mm，宽约2 mm，棱狭翼状，淡棕色，每棱槽油管3，很少4，合生面4条，顶端具宿存花萼和花柱或花柱残基（图4–8、图4–9、图4–10）。胚乳具油性，胚小，包埋在胚乳中。

【种子萌发特性】北柴胡种子容易萌发，但是萌发率较低，种子的胚发育不完全一致，需要后熟才具备发芽的能力，其种子内含有内源性抑制物抑制发芽。不同部位的花，其果实成熟度不一样。两年生北柴胡植株上采收的种子比一年生、三年生的植株上采收的种子发芽率高。低温储藏有利于北柴胡种子的萌发。不同温度浸种处理北柴胡种子的发芽率不同，设置温度在5℃、15℃、25℃、40℃条件下进行发芽实验，结果表明北柴胡的最适发芽温度为15~25℃。北柴胡种子预处理方式为浸泡在0.6 mg/L 6–BA中，40℃水浴2小时，初始培养温度为15℃，萌发后移至20℃下继续培养，可有效提高种子萌发率及成苗率。砂藏处理也是提高北柴胡萌发率的一个途径，将北柴胡种子在清水中浸泡12小时。再按照种子与沙子1∶3的比例与湿沙混匀，在20~25℃下贮藏15天，再催芽播种，经过砂藏处理的北柴胡种子发芽率提高13.5%。

【种子储藏要求】低温干燥储存，最好在–18℃干燥条件下保存。

图4–8　北柴胡的果实

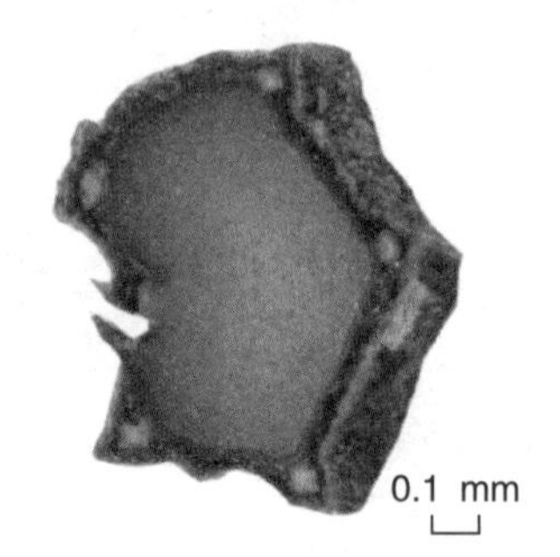

图4–9　北柴胡的果实横切面

图4–10　北柴胡的果实纵切面

5．连翘

【别名】黄花杆、黄寿丹。

【来源】木犀科木本植物连翘 *Forsythia suspensa*（Thunb.）Vahl。

【产地】主产于河北、山西、河南等地。

【功能主治】连翘干燥果实入药称连翘，具有收敛止血，散瘀，清热解毒的功效。用于衄血，咯血，吐血，便血，崩漏，外伤出血，肺热咳嗽，咽喉肿痛，热毒疮疡，水火烫伤。

【植物形态】落叶灌木。枝开展或下垂，棕色、棕褐色或淡黄褐色，小枝土黄色或灰褐色，略呈四棱形，疏生皮孔，节间中空，节部具实心髓（图 5–1）。叶通常为单叶，或 3 裂至三出复叶，叶片卵形、宽卵形或椭圆状卵形至椭圆形，长 2~10 cm，宽 1.5~5 cm，先端锐尖，基部圆形、宽楔形至楔形，叶缘除基部外具锐锯齿或粗锯齿，上面深绿色，下面淡黄绿色，两面无毛；叶柄长 0.8~1.5 cm，无毛（图 5–2）。花通常单生或 2 至数朵着生于叶腋，先于叶开放（图 5–3）；花梗长 5~6 mm；花萼绿色，裂片长圆形或长圆状椭圆形，长（5~）6~7 mm，先端钝或锐尖，边缘具睫毛；花冠黄色，裂片

图 5–1 连翘

倒卵状长圆形或长圆形，长 1.2~2 cm，宽 6~10 mm（图 5-4）；在雌蕊长 5~7 mm 的花中，雄蕊长 3~5 mm；在雄蕊长 6~7 mm 的花中，雌蕊长约 3 mm，2 枚着生于花冠基部，花药为基着药，纵裂（图 5-5、图 5-6）。花柱单一，柱头 2 裂，子房上位（图 5-7、图 5-8）。

图 5-2　连翘的叶形及叶序

图 5-3　连翘的花序

图 5-4　连翘的花

图 5-5　连翘的雄蕊

图 5-6　连翘的花药

图 5-7　连翘的柱头

【采收】花期 3~4 月，果期 7~9 月。果实成熟时采摘，收取种子，晒干，除去杂质，储存。

【果实及种子形态】果实长卵形至卵形，稍扁，长 1.5~2.5 cm，直径 0.5~1.3 cm。表面有不规则的纵皱纹和多数突起的小斑点，两面各有 1 条明显的纵沟。顶端锐尖，基

图 5-8　连翘的子房

图 5-9　连翘的果实

图 5-10　连翘的种子

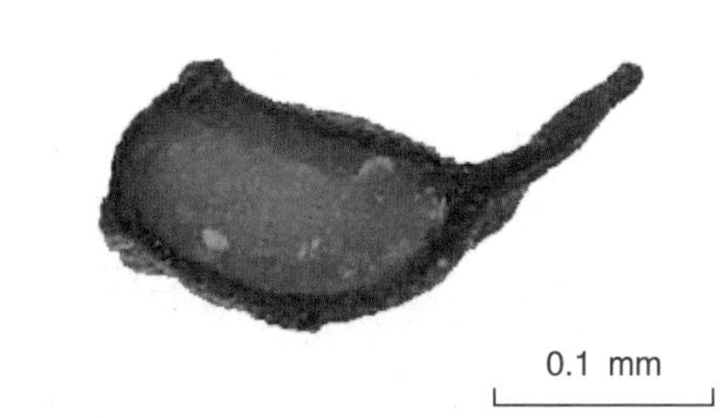

图 5-11　连翘的种子横切面

图 5-12　连翘的种子纵切面

部有小果梗或已脱落。成熟时自顶端开裂或裂成两瓣，表面黄棕色或红棕色，内表面多为浅黄棕色，平滑，具一纵隔；质脆（图 5-9）；种子棕色，多已脱落，一侧具有翼，胚直立，白色，胚乳为乳白色（图 5-10、图 5-11、图 5-12）。

【种子萌发特性】对连翘种子进行预处理，可以清除种子吸胀和萌发的障碍，从而提高种子发芽率。当浸种温度为 25℃ /20℃（昼 / 夜）、浸种时间为 8 小时，变温处理能够显著提高连翘种子的发芽率。不同浓度的 6-BA 浸种对连翘种子的萌发有显著的影响，10 mg/L 6-BA 浸种时，连翘种子的萌发率最高，6-BA 浓度过高反而会抑制种子的萌发。硝普钠处理连翘种子也可以促进种子的萌发，其中 50 mg/L 处理种子，其发芽率最高，但是与 6-BA 相比效果不显著。0.05% 的硼酸、0.01% 双氧水处理连翘种子均能提高其发芽率。砂藏处理可以提高连翘种子的发芽指数，促进种子的萌发，未砂藏的种子的生活力为 65.00%，砂藏种子的生活力为 78.30%。

【种子储藏要求】正常型，置于通风干燥处储藏。

6．菘蓝

【别名】茶蓝、板蓝根 、大青叶。

【来源】十字花科两年生草本植物菘蓝 *Isatis indigotica* Fort. 。

【产地】主产于河北、江苏等地，河南、安徽、陕西等地亦有栽培。

【功能主治】菘蓝根入药称板蓝根，具有清热解毒，凉血利咽的功效。用于温疫时毒，发热咽痛，温毒发斑，痒腮，烂喉丹痧，大头瘟疫，丹毒，痈肿。叶入药称大青叶，具有清热解毒，凉血消斑的功效。用于温病高热，神昏，发斑发疹，痄腮，喉痹，丹毒，痈肿。

【植物形态】茎直立，绿色，顶部多分枝，植株光滑无毛，带白粉霜。基生叶莲座状，长圆形至宽倒披针形，长 5~15 cm，宽 1.5~4 cm，顶端钝或尖，基部渐狭，全缘或稍具波状齿，具柄；基生叶蓝绿色，长椭圆形或长圆状披针形，长 7~15 cm，宽 1~4 cm，基部叶耳不明显或为圆形（图 6–1、图 6–2）。萼片宽卵形或宽披针形，长 2~2.5 mm；花两性，辐射对称，花瓣黄白，花瓣 4，十字形排列，宽楔形，长 3~4 mm，顶端近平截，具短爪（图 6–3）。雄蕊 6，4 长 2 短，为四强雄蕊（图 6–4），花药开裂方

图 6–1　一年生菘蓝

式为纵裂式，着生方式为基着药（图 6–5）。子房上位，侧膜胎座（图 6–6）。

图 6–2　两年生菘蓝

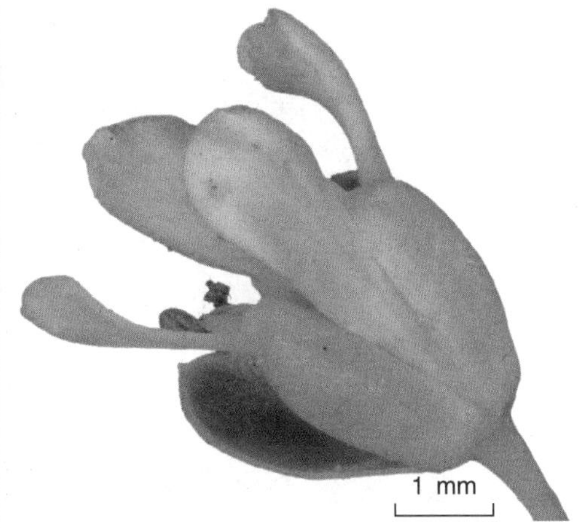

图 6–3　菘蓝的花

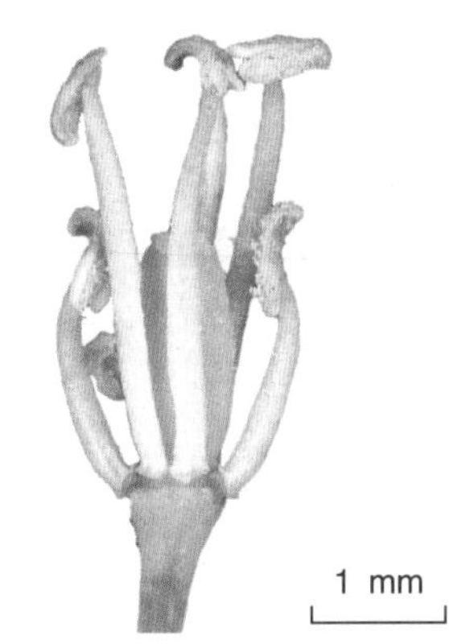

图 6–4　菘蓝的雄蕊

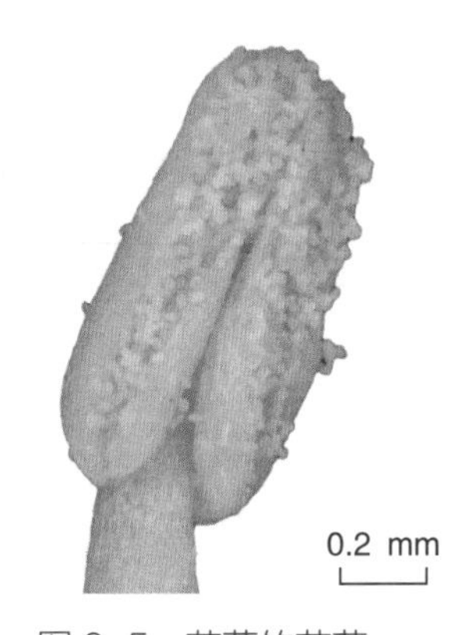

图 6–5　菘蓝的花药

图 6–6　菘蓝的子房及花柱

【采收】在果实呈黑紫色时采集，晾干，精选去杂，干燥处贮藏。

【果实及种子形态】短角果近长圆形，扁平，无毛，边缘有翅，长 13~18.5 mm，宽 3.5~5 mm，厚 1.2~1.6 mm，表面紫褐色或黄褐色。先端微凹或平截，基部渐窄，具残存的果柄或果柄痕。两侧各具一中肋，中部隆起，内含种子 1~2 粒（图 6–7）。种子长圆形，长 3~3.8 mm，宽 1.0~1.3 mm，表面黄褐色。基部具一白色小尖突状种柄，两侧面各具一条较明显的纵沟（图 6–8、图 6–9、图 6–10）。

【种子萌发特性】菘蓝种子容易发芽，常温、光照、浸种有利于种子的萌发。20~25℃比较适合菘蓝种子的萌发。以细沙为培养基，培养 3 天开始发芽，6 天发芽率达到 50%，总体发芽率达到 75%。细沙培养，弱碱性蒸馏水喷淋，温度在 20℃时发芽率最高。

【种子贮藏要求】正常型，常温贮存。

图 6-7　菘蓝的果实

图 6-8　菘蓝的种子

图 6-9　菘蓝的种子横切面

图 6-10　菘蓝的种子纵切面

7. 苦参

【别名】地槐、山槐、野槐。

【来源】豆科多年生草本植物苦参 *Sophora flavescens* Ait. 。

【产地】主产于河北等地，河南、安徽等地亦有栽培。

【功能主治】苦参干燥根入药称苦参，具有清热燥湿，杀虫，利尿的功效。用于热痢，便血，黄疸尿闭，赤白带下，阴肿阴痒，湿疹，湿疮，皮肤瘙痒，疥癣麻风；外治滴虫性阴道炎。

【植物形态】茎具纹棱，幼时疏被柔毛，后无毛（图 7–1）。羽状复叶长达 25 cm；托叶披针状线形，渐尖，长约 6~8 mm；小叶 6~12 对，互生或近对生，纸质，形状多变，椭圆形、卵形、披针形至披针状线形，长 3~4（~6）cm，宽 (0.5~)1.2~2 cm，先端钝或急尖，基部宽楔形或浅心形，上面无毛，下面疏被灰白色短柔毛或近无毛。中脉下面隆起（图 7–2、图 7–3）。总状花序顶生，长 15~25 cm；花多数，疏或稍密；花梗纤细，长约 7 mm（图 7–4）；苞片线形，长约 2.5 mm；花萼钟状，明显歪斜，具不明显波状齿，完全发育后近截平，长约 5 mm，宽约 6 mm，疏被短柔毛；花冠比花萼长 1 倍，白色或淡黄白色，旗瓣倒卵状匙形，长 14~15 mm，宽 6~7 mm，先端圆形或微缺，基部

图 7–1　苦参

渐狭成柄，柄宽 3 mm，翼瓣单侧生，强烈皱褶几达瓣片的顶部，柄与瓣片近等长，长约 13 mm，龙骨瓣与翼瓣相似，稍宽，宽约 4 mm，雄蕊 10，分离或近基部稍连合（图 7-5、图 7-6）；雄蕊 10，联合成管，花药着生方式为背着药，纵裂（图 7-7、图 7-8）；子房近无柄，被淡黄白色柔毛，花柱稍弯曲，胚珠多数，花柱和柱头单一顶生（图 7-9、图 7-10）。

图 7-2　苦参的叶序

图 7-3　苦参的叶形

图 7-4　苦参的花序

图 7-5　苦参的苞片及花

图 7-6　苦参的花萼及花

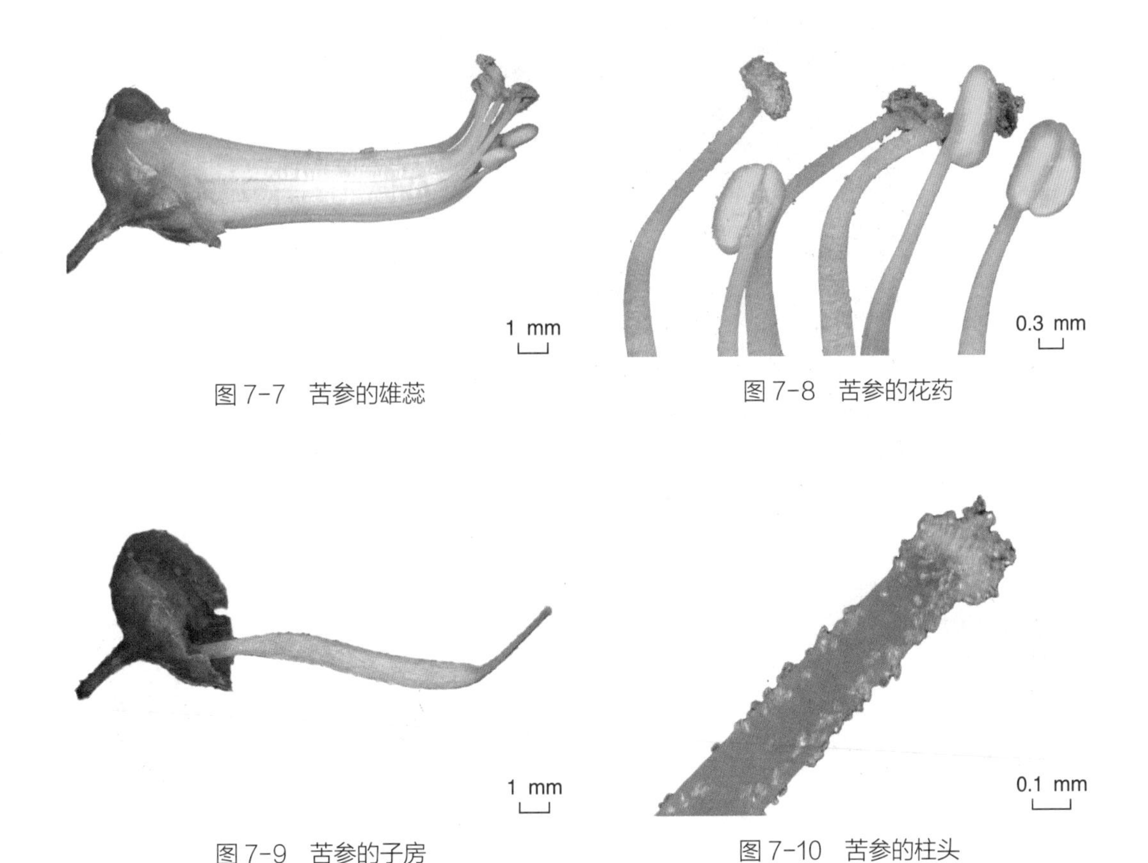

图 7-7　苦参的雄蕊

图 7-8　苦参的花药

图 7-9　苦参的子房

图 7-10　苦参的柱头

【采收】花期 6~8 月，果期 7~10。当荚果变黄褐色时及时采收，除去果皮，晒干。

【果实与种子形态】荚果长 5~10 cm，种子间稍缢缩，呈不明显串珠状，稍四棱形，疏被短柔毛或近无毛，成熟后开裂成 4 瓣，有种子 1~5 粒（图 7-11）；种子长卵形，稍压扁，深红褐色或紫褐色，种脐圆形明显，子叶两枚（图 7-12、图 7-13、图 7-14）。

【种子萌发特性】有休眠性，苦参种皮较硬，不易萌发。可以通过物理方法处理或者化学方法处理促进种子萌发。将苦参种子用砂质磨砂，直到表面失去光泽，以提高苦参种子的萌发率。98% 浓硫酸浸泡苦参种子 60 分钟后，反复冲洗，阴干种子萌发率较高。温度对于苦参种子也有影响，在 25℃和 30℃恒温条件下，种子 2 天就开始萌动，但是在 30℃时部分植株出现根部和子叶腐烂的现象；20℃恒温第 3 天开始萌发，15℃恒温下第 4~5 天种子才开始萌发，苦参属喜温发芽植物，在光照交替的情况下，25℃是最适发芽温度。低浓度 NaCl 溶液可以提高苦参种子的发芽率和发芽势，但是当 NaCl 溶液浓度升高到一定程度，会对种子的发芽产生抑制作用。

【种子储藏要求】正常型，室温、通风干燥储存。

图 7-11　苦参的果实

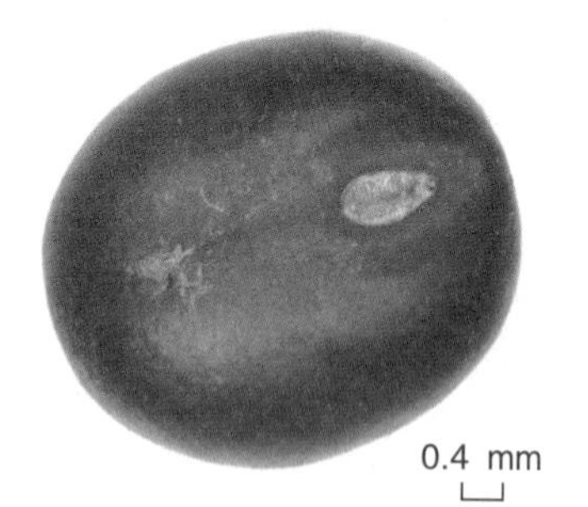

图 7-12　苦参的种子

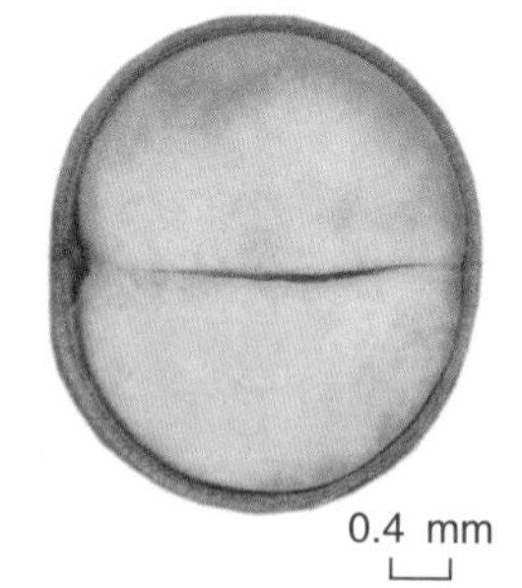

图 7-13　苦参的种子横切面

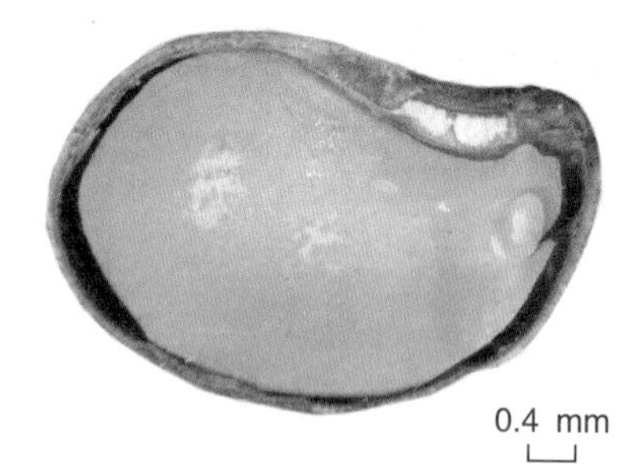

图 7-14　苦参的种子纵切面

8. 远志

【别名】小草根、青小草、山茶树、小草。

【来源】远志科多年生草本植物远志 *Polygala tenuifolia* Willd.。

【产地】主产于河北、陕西、内蒙古、山东。

【功能主治】远志根入药称远志，具有安神益智，交通心肾，祛痰，消肿的功效。用于心肾不交引起的失眠多梦、健忘惊悸、神志恍惚，咳痰不爽，疮疡肿毒，乳房肿痛。

【植物形态】主根粗壮，韧皮部肉质，浅黄色，长达十余厘米。茎多数丛生，直立或倾斜，具纵棱槽，被短柔毛（图 8-1）。单叶互生，叶片纸质，线形至线状披针形，长 1~3 cm，宽 0.5~1（~3）mm，先端渐尖，基部楔形，全缘，反卷，无毛或极疏被微柔毛，主脉上面凹陷，背面隆起，侧脉不明显，近无柄（图 8-2）。总状花序呈扁侧状生于小枝顶端，细弱，长 5~7 cm，通常略俯垂，少花，稀疏（图 8-3）；苞片 3，披针形，长约 1 mm，先端渐尖；萼片 5，宿存，无毛，外面 3 枚线状披针形，长约 2.5 mm，急尖，里面 2 枚花瓣状，倒卵形或长圆形，长约 5 mm，宽约 2.5 mm，先端圆形，具短尖头，沿中脉绿色，周围膜质，带紫堇色，基部具爪早落（图 8-4）；花瓣 3，紫色，侧瓣斜长圆形，长约 4 mm，基部与龙骨瓣合生，基部内侧具柔毛，龙骨瓣较侧瓣长，具

图 8-1　远志

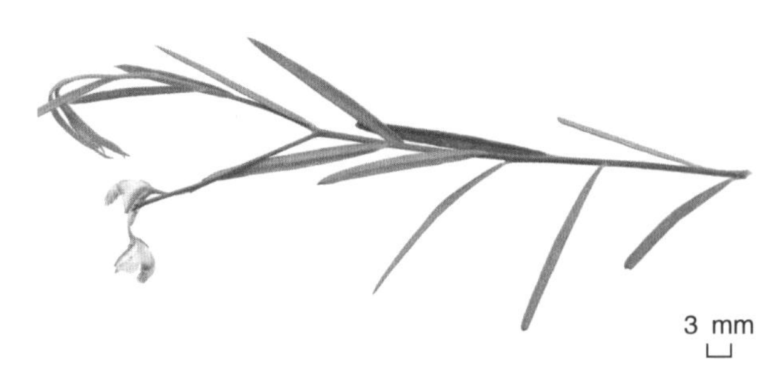

图 8-2　远志的叶序及叶形

图 8-3　远志的花序

流苏状附属物（图 8-5）；雄蕊 8，花丝 3/4 以下合生成鞘，具缘毛，3/4 以上两侧各 3 枚合生，花药无柄，中间 2 枚分离，花丝丝状，具狭翅，花药长卵形；子房扁圆形，顶端微缺，花柱弯曲，顶端呈喇叭形，柱头内藏（图 8-6）。

【采收】花果期为 5~9 月，6 月中上旬果实开始成熟，由于果实完全成熟时会开裂，种子洒落在地上无法捡起，所以应在果实七八成熟时采收，晒干，除去杂质，贮藏。

【果实及种子形态】蒴果圆形，径约 4 mm，顶端微凹，具狭翅，无缘毛（图 8-7）；种子长倒卵形，种皮灰黑色，密被棕褐色绒毛，先端有黄白色种阜，内种皮黄白色，中间有黄色的胚，子叶 2 枚，长圆形，先端钝圆，基部凹入呈心形，下面有一短圆的胚根（图 8-8、图 8-9、图 8-10）。

【种子萌发特性】温度对于远志种子萌发特性影响标较大，10℃和 45℃时远志种子不发芽，远志种子在 30℃时发芽率、发芽势以及发芽指数最高，远志种子发芽的适宜

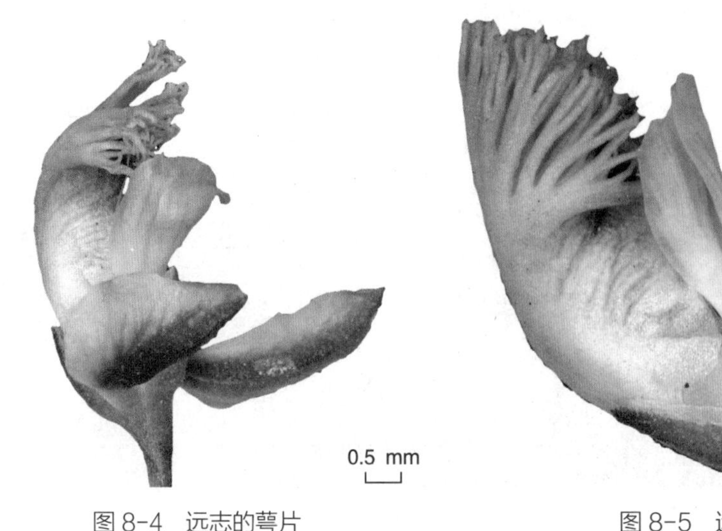

图 8-4　远志的萼片　　图 8-5　远志的花瓣

图 8-6　远志的雄蕊及雌蕊

图 8-7　远志的果实

温度 25~30℃。浸种时间对于远志种子的发芽也有影响，浸种 3 小时，远志种子的发芽率、发芽势和发芽指数比较高，随着浸种时间的增加种子的发芽能力下降；远志种子属于光中性，光照对于远志种子几乎没有影响。

【**种子贮藏要求**】正常型，置于通风干燥处贮藏。

图 8-8　远志的种子

图 8-9　远志的种子横切面

0.2 mm

图 8-10　远志的种子纵切面

9. 荆芥

【**别名**】香荆荠、线荠、四棱杆蒿、假苏。

【**来源**】唇形科多年生草本植物荆芥 *Schizonepeta tenuifolia* Briq. 。

【**产地**】主产于河北、新疆、甘肃、陕西、河南、山西、山东、湖北、贵州、四川及云南等地。

【**功能主治**】荆芥全草入药称荆芥，具有解表散风，透疹的功效。用于感冒，头痛，麻疹，风疹，疮疡初起。炒炭治便血，崩漏，产后血晕。

【**植物形态**】茎高 0.3~1 m，四棱形，多分枝，被灰白色疏短柔毛，茎下部的节及小枝基部通常微红色（图 9–1）。叶通常为指状三裂，大小不等，长 1~3.5 cm，宽 1.5~2.5 cm，先端锐尖，基部楔状渐狭并下延至叶柄，裂片披针形，宽 1.5~4 mm，中间的较大，两侧的较小，全缘，草质，上面暗橄榄绿色，被微柔毛，下面带灰绿色，被短柔毛，脉上及边缘较密，有腺点；叶柄长 2~10 mm（图 9–2）。花序为多数轮伞花序组成的顶生穗状花序，长 2~13 cm，通常生于主茎上的较长大而多花，生于侧枝上的较小而疏花，但均为间断的（图 9–3）；苞片叶状，下部的较大，与叶同形，上部的渐变小，乃至与花等长，小苞片线形，极小（图 9–4）。花萼管状钟形，长约 3 mm，径 1.2 mm，

图 9–1　荆芥

图 9-2　荆芥的叶

图 9-3　荆芥的花序

被灰色疏柔毛，具 15 脉，齿 5，三角状披针形或披针形，先端渐尖，长约 0.7 mm，后面的较前面的为长（图 9–5）。花冠青紫色，长约 4.5 mm，外被疏柔毛，内面无毛，冠筒向上扩展，冠檐二唇形，上唇先端 2 浅裂，下唇 3 裂，中裂片最大（图 9–6）。雄蕊 4，后对较长，均内藏，花药蓝色。花柱先端近相等 2 裂（图 9–7）。

图 9-4　荆芥的花序及小苞叶

图 9-5　荆芥的花萼

图 9-6　荆芥的花

图 9-7　荆芥的雄蕊、雌蕊

【**采收**】花期7~9月，果期9~10月。秋季果穗枯萎时割取全草，晒干，打下种子，簸去杂质，放阴凉通风处干燥。

【**果实形态**】小坚果三棱状卵形（图9–8）。长约1.5 mm，径约0.7 mm，褐色，有小点。背面拱凸，具纵脉纹；腹面中央有1条纵脊；果脐生于纵脊基部，近三角形，中央有一白色球形突起，从背面看果脐成一小突头（图9–9、图9–10）。

【**种子萌发特性**】荆芥种子容易萌发，对温度要求不严格，最适萌发温度为15~20℃。

【**种子贮藏要求**】正常型，室温贮藏。

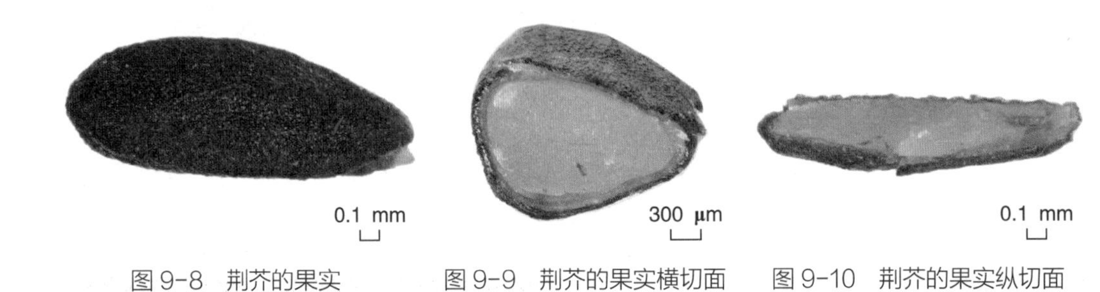

图9-8　荆芥的果实　　图9-9　荆芥的果实横切面　　图9-10　荆芥的果实纵切面

10. 蒲公英

【别名】蒙古蒲公英、黄花地丁、婆婆丁、姑姑英、地丁。

【来源】菊科多年生草本植物蒲公英 *Taraxacum mongolicum* Hand. -Mazz.。

【产地】主产于河北，全国各地亦有栽培。

【功能主治】蒲公英干燥全草入药称蒲公英，具有清热解毒，消肿散结，利尿通淋的功效。用于疔疮肿毒，乳痈，瘰疬，目赤，咽痛，肺痈，肠痈，湿热黄疸，热淋涩痛。

【植物形态】根圆柱状，黑褐色，粗壮。叶倒卵状披针形、倒披针形或长圆状披针形，长 4~20 cm，宽 1~5 cm，先端钝或急尖，边缘有时具波状齿或羽状深裂，有时倒向羽状深裂或大头羽状深裂，顶端裂片较大，三角形或三角状戟形，全缘或具齿，每侧裂片 3~5 片，裂片三角形或三角状披针形，通常具齿，平展或倒向，裂片间常夹生小齿，基部渐狭成叶柄，叶柄及主脉常带红紫色，疏被蛛丝状白色柔毛或几无毛（图 10–1、图 10–2）。花葶 1 至数个，与叶等长或稍长，高 10~25 cm，上部紫红色，密被蛛丝状白色长柔毛；头状花序直径 30~40 mm（图 10–3）；总苞钟状，长 12~14 mm，淡绿色；总苞片 2~3 层，外层总苞片卵状披针形或披针形，长 8~10 mm，宽 1~2 mm，边缘宽膜质，基部淡绿色，上部紫红色，先端增厚或具小到中等的角状突起；内层总苞片线状披针形，长 10~16 mm，宽 2~3 mm，先端紫红色，具小角状突起；舌状花黄色，舌片长约

图 10–1 蒲公英

8 mm，宽约 1.5 mm，边缘花舌片背面具紫红色条纹，花药和柱头暗绿色（图 10–4、图 10–5）。

图 10-2　蒲公英的叶

图 10-3　蒲公英的花葶

图 10-4　蒲公英的花序

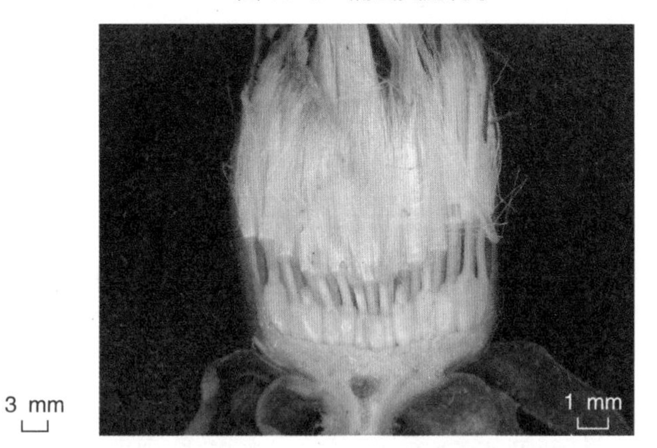

图 10-5　蒲公英的苞片及小花

【采收】花期 4~9 月，果期 5~10 月。待冠毛变成白色时及时采摘，以免飞落，晒干，即得。

【果实形态】瘦果倒卵状披针形，暗褐色，长 4~5 mm，宽 1~1.5 mm，上部具小刺，下部具成行排列的小瘤，顶端逐渐收缩为长约 1 mm 的圆锥至圆柱形喙基，喙长 6~10 mm，纤细；冠毛白色，长约 6 mm（图 10–6、图 10–7、图 10–8）。

【种子萌发特性】在 28℃环境下，培养蒲公英种子萌发速度最快，相对于 16℃、32℃的发芽率、发芽指数都有所增高。不同酸碱浓度下，处理蒲公英种子，当 pH=7 时处理效果较好，发芽率达到 75%；在 $NaHCO_3$ 条件下，随着浓度的提高，发芽率呈下降趋势，$NaHCO_3$ 中度浓度（500 mmol/L）条件下，可以提高种子发芽势；而在 NaCl 和 $MgSO_4$ 条件下，低浓度降低蒲公英种子发芽率，但抑制作用不明显，当浓度大于 30 mmol/L 时，发芽率下降趋势明显，抑制作用明显；当 $MgSO_4$ 浓度高于 100 mmol/L 时，种子发芽率急剧下降，高于 150 mmol/L 时，种子发芽率受到严重抑制。中性土壤可以提高蒲公英种子的发芽率，偏酸、偏碱环境均对蒲公英种子有一定的抑制作用。

【种子储藏要求】正常型，置于通风干燥处储存。

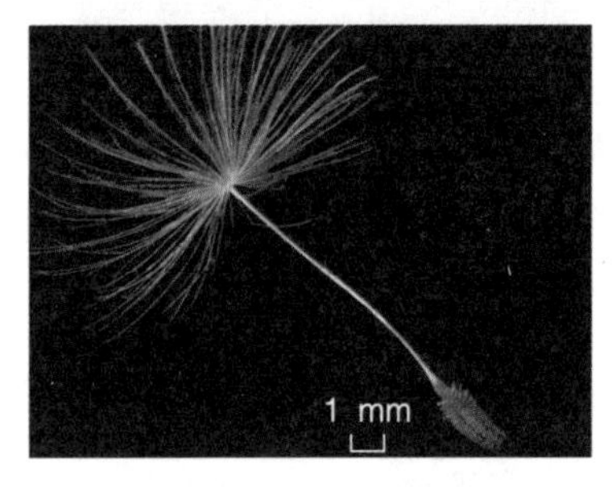

图10-6　蒲公英的果实

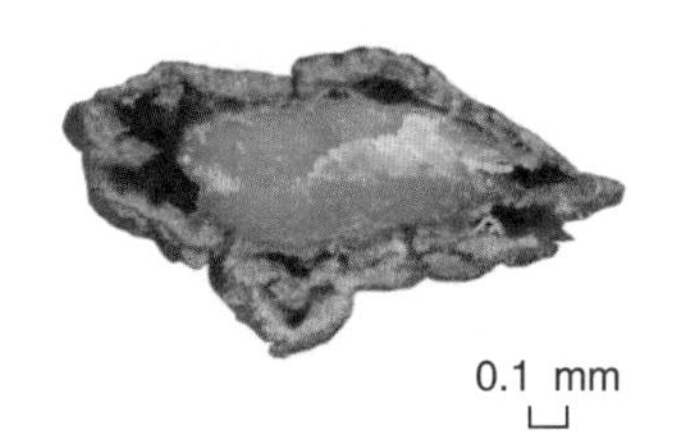

图10-7　蒲公英的果实横切面

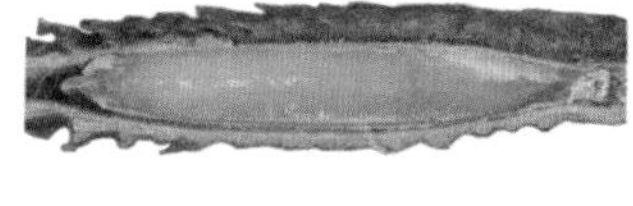

图10-8　蒲公英的果实纵切面

11. 紫苏

【别名】苏子、黑苏子。

【来源】唇形科一年生直立草本植物紫苏 *Perilla frutescens*（L.）Britt.。

【产地】主产于河北、河南、山东、江苏、浙江、湖北、广东等地，全国多数省、自治区都有栽培。

【功能主治】紫苏果实入药称紫苏子，具有降气消痰，平喘，润肠的功效。用于痰壅气逆，咳嗽气喘，肠燥便秘。以叶入药称紫苏叶，具有解表散寒，行气和胃的功效。用于风寒感冒，咳嗽呕恶，妊娠呕吐，鱼蟹中毒。以茎入药称紫苏梗，具有理气宽中，止痛，安胎。用于胸膈痞闷，胃脘疼痛，嗳气呕吐，胎动不安。

【植物形态】茎高 0.3~2 m，绿色或紫色，钝四棱形，具四槽，密被长柔毛（图 11–1）。叶阔卵形或圆形，长 7~13 cm，宽 4.5~10 cm，先端短尖或突尖，基部圆形或阔楔形，边缘在基部以上有粗锯齿，膜质或草质，两面绿色或紫色，或仅下面紫色，上面被疏柔毛，下面被贴生柔毛，侧脉 7~8 对，位于下部者稍靠近，斜上升，与中脉在上面微突起下面明显突起，色稍淡；叶柄长 3~5 cm，背腹扁平，密被长柔毛（图 11–2）。轮伞

图 11–1 紫苏

花序 2 花，组成长 1.5~15 cm、密被长柔毛、偏向一侧的顶生及腋生总状花序（图 11–3）；苞片宽卵圆形或近圆形，长、宽约 4 mm，先端具短尖，外被红褐色腺点，无毛，边缘膜质（图 11–4）；花梗长 1.5 mm，密被柔毛。花萼钟形，10 脉，长约 3 mm，直伸，下部被长柔毛，夹有黄色腺点，内面喉部有疏柔毛环，结果时增大，长至 1.1 cm，平伸或下垂，基部一边肿胀，萼檐二唇形，上唇宽大，3 齿，中齿较小，下唇比上唇稍长，2 齿，齿披针形（图 11–5）。花冠白色至紫红色，长 3~4 mm，外面略被微柔毛，内面在下唇片基部略被微柔毛，冠筒短，长 2~2.5 mm，喉部斜钟形，冠檐近二唇形，上唇微缺，下唇 3 裂，中裂片较大，侧裂片与上唇相近似（图 11–6）。雄蕊 4，几不伸出，前对稍长，离生，插生喉部，花丝扁平，花药 2 室，室平行，其后略叉开或极叉开（图 11–7）。花柱先端相等 2 浅裂（图 11–8）。

【采收】在采收当年 9~10 月份生长旺盛时期、种子成熟时采收，可摊在通风处阴干或晒干，去除杂质。

【果实及种子形态】小坚果近球形，灰褐色，直径约 1.5 mm，具网纹（图 11–9）。种子卵圆形或类球形，直径约 1.5 mm。表面灰棕色或灰褐色，有微隆起的暗紫色网纹，基部稍尖，有灰白色点状果梗痕。果皮薄而脆，易压碎。种子黄白色，种皮膜质，子叶

图 11–2　紫苏的叶

图 11–3　紫苏的花序

图 11–4　紫苏的花萼

图 11–5　紫苏的花

图 11-6　紫苏的花冠

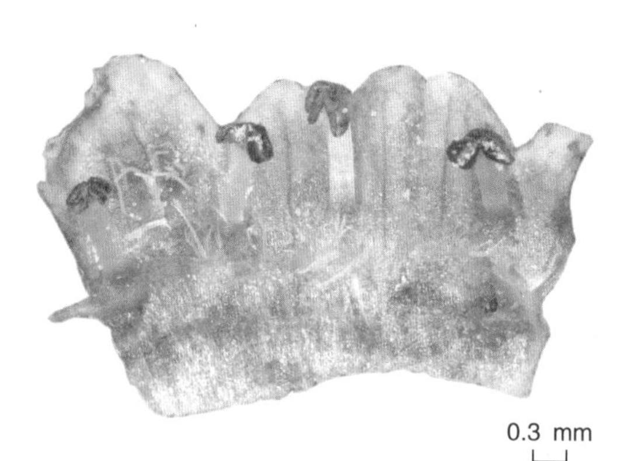

图 11-7　紫苏的雄蕊

图 11-8　紫苏的雌蕊

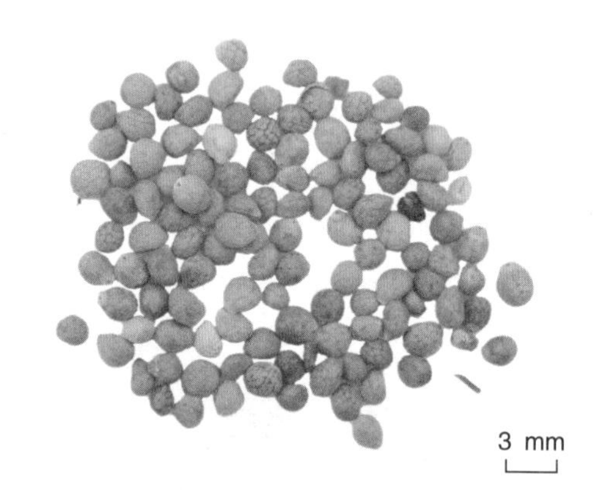

图 11-9　紫苏的果实

2，类白色，有油性（图 11-10、图 11-11、图 11-12）。

【种子萌发特性】紫苏种子在全黑暗条件下发芽率最高，为 85.8%；在 pH 值 4.0~6.3 之间可萌发；萌发率在水势 0~-0.6MPa 范围内从 78.3% 降至 4.2%，即紫苏种子在干旱的环境下仍可萌发；紫苏种子耐盐性较强，当 NaCl 浓度为 160 mmol/L 时，种子萌发率仍高达 65.8%。

【种子贮藏要求】正常型，常温贮藏。

图 11-10　紫苏的种子

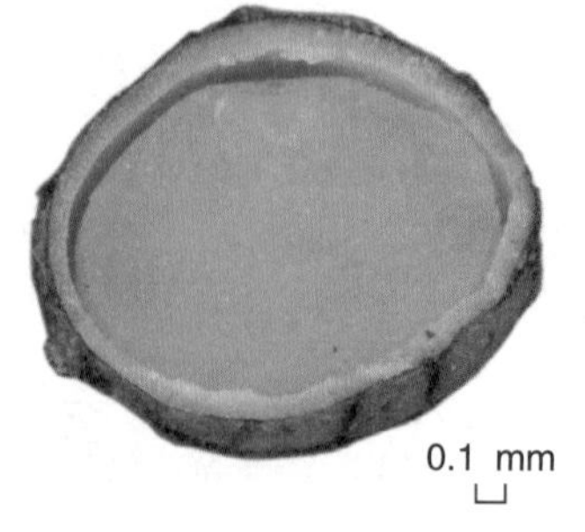

图 11-11　紫苏的种子横切面

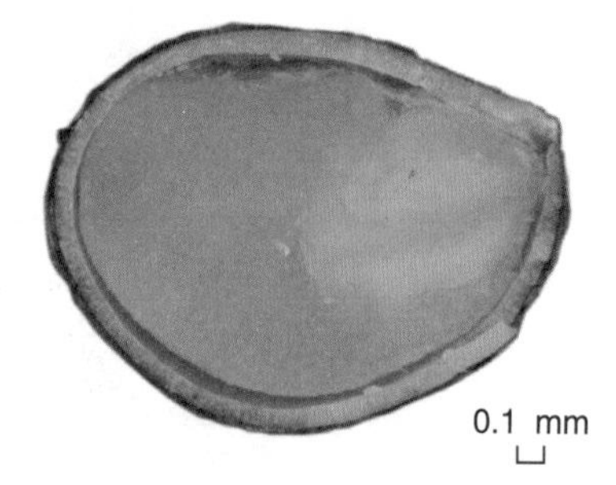

图 11-12　紫苏的种子纵切面

12. 平车前

【别名】车前草、车串串、小车前。

【来源】车前科一年生或二年生草本植物平车前 *Plantago depressa* Willd.。

【产地】主产于河北、辽宁、山西、四川等地，黑龙江、内蒙古、吉林、青海、山东等地也有生产。

【功能主治】平车前种子入药称为车前子，具有清热利尿通淋，渗湿止泻，明目，祛痰的功效。用于热淋涩痛，水肿胀满，暑湿泄泻，目赤肿痛，痰热咳嗽。

【植物形态】直根长，具多数侧根，多少肉质，根茎短。叶基生呈莲座状，平卧、斜展或直立；叶片纸质，椭圆形、椭圆状披针形或卵状披针形，长 3~12 cm，宽 1~3.5 cm，先端急尖或微钝，边缘具浅波状钝齿、不规则锯齿或牙齿，基部宽楔形至狭楔形，下延至叶柄，脉 5~7 条，上面略凹陷，于背面明显隆起，两面疏生白色短柔毛；叶柄长 2~6 cm，基部扩大成鞘状。花序 3~10 余个；花序梗长 5~18 cm，有纵条纹，疏生白色短柔毛；穗状花序细圆柱状，上部密集，基部常间断，长 6~12 cm（图 12-1）。苞片三角状卵形，长 2~3.5 mm，内凹，无毛，龙骨突宽厚，宽于两侧片，不延至或延至顶端。花萼长 2~2.5 mm，无毛，龙骨突宽厚，不延至顶端，前对萼片狭倒卵状椭圆形至宽椭圆形，后对萼片倒卵状椭圆形至宽椭圆形。花冠白色，无毛，冠筒等长或略长

图 12-1　平车前

于萼片，裂片极小，椭圆形或卵形，长 0.5~1 mm，于花后反折。雄蕊着生于冠筒内面近顶端，同花柱明显外伸，花药卵状椭圆形或宽椭圆形，长 0.6~1.1 mm，先端具宽三角状小突起，新鲜时白色或绿白色，干后变淡褐色。胚珠 5（图 12–2）。

【采收】花期 5~7 月，果期 7~9 月。夏、秋两季种子成熟时采收果穗，晒干，搓出种子，除去杂质。

【果实及种子形态】蒴果卵状椭圆形至圆锥状卵形，长 4~5 mm，于基部上方周裂。种子 4~5，椭圆形，腹面平坦，长 1.2~1.8 mm，黄褐色至黑色；子叶背腹向排列（图 12–3）。种子呈椭圆形、不规则长圆形或三角状长圆形，略扁，长约 2 mm，宽约 1 mm。表面黄棕色至黑褐色，有细皱纹，一面有灰白色凹点状种脐。质硬。胚为白色直立型，胚乳肥厚（图 12–4、图 12–5、图 12–6）。

【种子萌发特性】平车前的发芽温度为 15~30℃，最适发芽温度为 30℃，发芽 11 天，发芽率为 59%。平车前种子具有较强的耐盐耐碱能力。浓度为 4% 的 NaCl 和 $NaHCO_3$ 的溶液均对平车前种子的萌发起促进作用；溶液浓度升高，逐渐对平车前种子的萌发起抑制作用。适宜平车前种子萌发的 NaCl 浓度为 4.69%，适宜平车前种子萌发的 $NaHCO_3$ 浓度为 12.44%。

【种子储藏要求】正常型，置于通风干燥处储存。

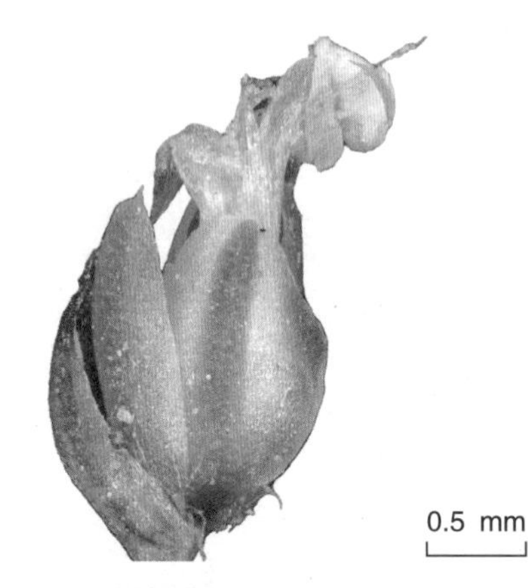

图 12–2　平车前的苞片及花

图 12–3　平车前的果序

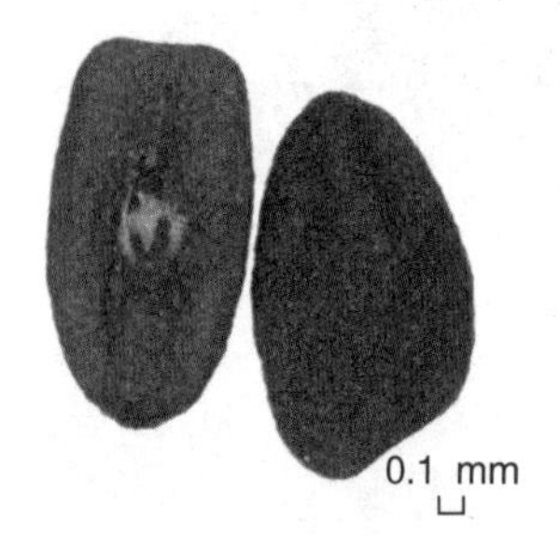

图 12–4　平车前的种子

图 12–5　平车前的种子横切面

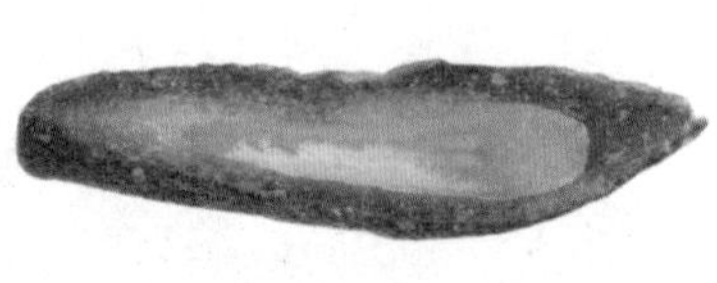

图 12–6　平车前的种子纵切面

13. 黄精

【别名】鸡头黄精、黄鸡菜、鸡爪参、老虎姜、黄鸡。

【来源】百合科多年生草本植物黄精 *Polygonatum sibiricum* Red.。

【产地】主产于河北、内蒙古、北京、山西等地。

【功能主治】黄精根茎入药称黄精，具有补气养阴，健脾，润肺，益肾的功效。用于脾胃气虚，体倦乏力，胃阴不足，口干食少，肺虚燥咳，劳嗽咳血，精血不足，腰膝酸软，须发早白，内热消渴。

【植物形态】根状茎圆柱状，由于结节膨大，因此“节间”一头粗、一头细，在粗的一头有短分枝，直径 1~2 cm。茎高 50~90 cm，或可达 1 m 以上，有时呈攀援状（图 13–1）。叶轮生，每轮 4~6 枚，条状披针形，长 8~15 cm，宽（4~）6~16 mm，先端拳卷或弯曲成钩（图 13–2）。花序通常具 2~4 朵花，似呈伞形状，总花梗长 1~2 cm，花梗长（2.5~）4~10 mm，俯垂；苞片位于花梗基部，膜质，钻形或条状披针形，长 3~5 mm，具 1 脉（图 13–3）；花被乳白色至淡黄色，全长 9~12 mm，花被筒中部稍缢缩，裂片长约 4 mm；花丝长 0.5~1 mm，花药长 2~3 mm；子房长约 3 mm，花柱长 5~7 mm（图 13–4）。

【采收】花期 5~6 月，果期 8~9 月。待果实成熟时采摘，搓去果皮，晒干。

【果实及种子形态】浆果直径 7~10 mm，黑色，具 4~7 颗种子（图 13–5）。种子扁椭圆形，淡黄色，表面不光滑，种脐位于椭圆形长的一端，明显。胚小，胚乳大（图 13–6、图 13–7、图 13–8）。

【种子萌发特性】黄精种子具有休眠性。种皮的不透性，抑制种子的呼吸作用，影响黄精种子的代谢活动，黄精种子的胚乳较厚，使种子的营养利用吸收缓慢，并且黄精的胚和胚乳中都含有抑制黄精种子萌发的内源性物质，这些原因都限制了黄精种子的萌发。

为了提高黄精种子的萌发率，可以通过划伤种皮、切除部分胚乳等一些机械处理方法，以提高黄精种子的萌发。

图 13–1 黄精

温水浸泡处理黄精种子有利于黄精种子的萌发，水温在40℃时黄精种子萌发率达到最高，一般采用40℃水温浸种24~30小时。研究表明在0~10℃，砂藏，黄精种子能萌发；在0℃砂藏处理下，黄精种子的萌发率最高，可达到67.78%。通过一些化学试剂可以提高种皮的通透性从而提高种子的萌发率，0.1% $KMnO_4$、0.1% H_2O_2 和1% $CuSO_4$ 等试剂均有促进种子萌发作用。黄精种子休眠与激素的平衡有关系，GA3、6-BA、乙烯等都对打破黄精种子休眠有效，其中GA3和6-BA效果较好，可促进种子萌发。

【种子储藏要求】低温，避光储存。

图13-2 黄精的叶

图13-3 黄精的花序

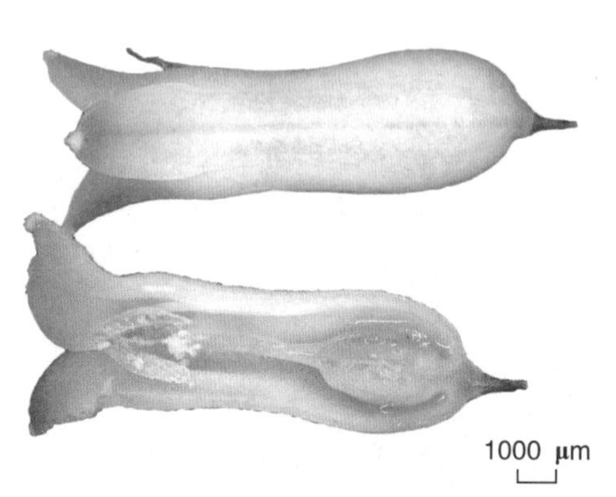

图13-4 黄精的花

图13-5 黄精的果实

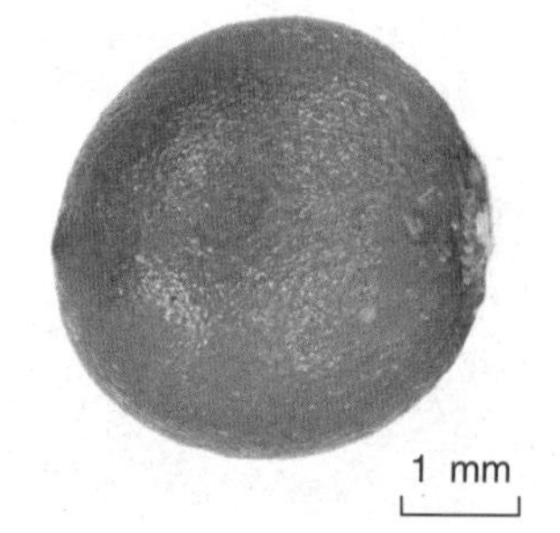

图13-6 黄精的种子

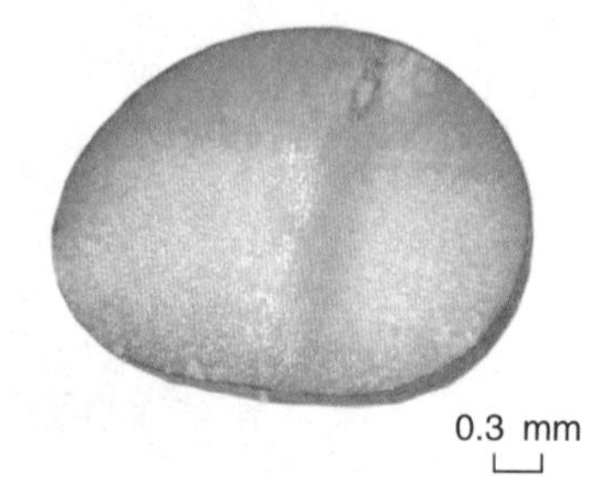

图13-7 黄精的种子横切面

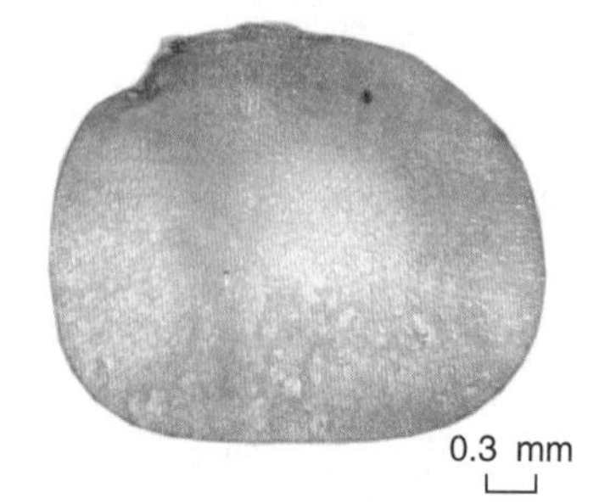

图13-8 黄精的种子纵切面

14. 射干

【别名】乌扇、扁竹、绞剪草、剪刀草、山蒲扇、野萱花、蝴蝶花。

【来源】鸢尾科一年生草本植物射干 *Belamcanda chinensis*（L.）DC.。

【产地】主产于河北、湖北、河南、江苏、安徽等地。

【功能主治】射干根茎入药称射干，具有清热解毒，消痰，利咽的功效。用于热毒痰火郁结，咽喉肿痛，痰涎壅盛，咳嗽气喘。

【植物形态】茎高 1~1.5 m，实心。叶互生，嵌迭状排列，剑形，长 20~60 cm，宽 2~4 cm，基部鞘状抱茎，顶端渐尖，无中脉。花序顶生，叉状分枝，每分枝的顶端聚生有数朵花；花梗细，长约 1.5 cm；花梗及花序的分枝处均包有膜质的苞片，苞片披针形或卵圆形（图 14–1）；花橙红色，散生紫褐色的斑点，直径 4~5 cm；花被裂片 6，2 轮排列，外轮花被裂片倒卵形或长椭圆形，长约 2.5 cm，宽约 1 cm，顶端钝圆或微凹，基部楔形，内轮较外轮花被裂片略短而狭（图 14–2）；雄蕊 3，长 1.8~2 cm，着生于外花被裂片的基部，花药条形，外向开裂，花丝近圆柱形，基部稍扁而宽；花柱上部稍扁，

图 14–1　射干

顶端3裂，裂片边缘略向外卷，有细而短的毛（图14–3、图14–4）。子房下位，倒卵形，3室，中轴胎座，胚珠多数（图14–5）。

【采收】当果实变为黄绿色或黄色，果实略开时采收。果期较长分批采收，集中晒至种子脱出，除去杂质，砂藏、干藏或及时播种。

【果实及种子形态】蒴果倒卵形或长椭圆形，长2.5~3 cm，直径1.5~2.5 cm，顶端无喙，常残存有凋萎的花被（图14–6），成熟时室背开裂，果瓣外翻，中央有直立的果轴；种子圆球形，黑紫色，有光泽，直径约5 mm，着生在果轴上（图14–7、图14–8、图14–9、图14–10）。

【种子萌发特性】射干种子属于低温萌发型，种子壳硬不易萌发。种子外包有一层黑色有光泽并且坚硬的假种皮，内还有一层胶状物质，通透性比较差。研究表明射干种子萌发温度为5~30℃，恒温条件下萌发率不高，并且需要时间长。从低温或者高温向15~25℃之间的变温可以提高种子的萌发率，但变化不大。–5℃贮藏1年的陈种子在恒温条件下萌发率比新种子有所提高；20℃下8天发芽率达到14%；贮藏时间越长其发芽

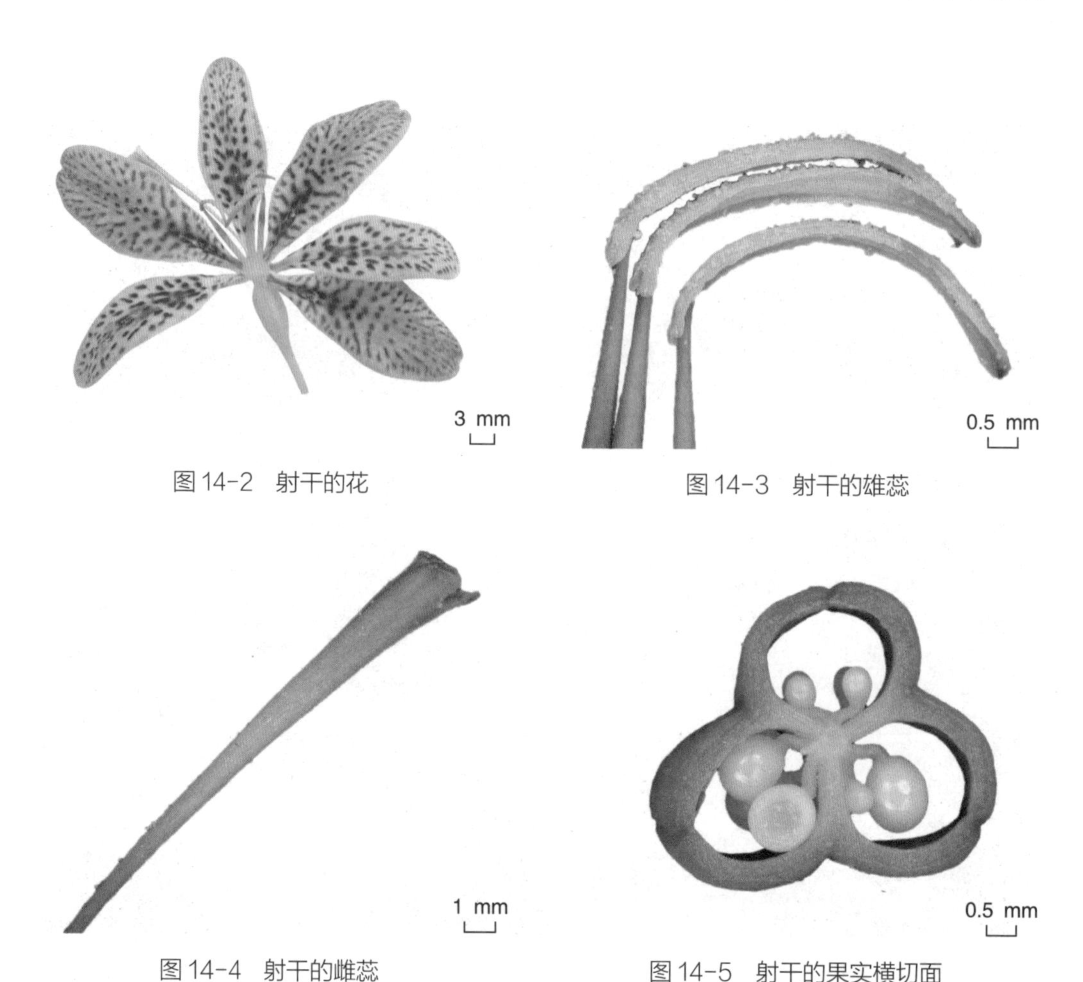

图14–2　射干的花

图14–3　射干的雄蕊

图14–4　射干的雌蕊

图14–5　射干的果实横切面

率越低。

【种子贮藏要求】正常型，室温贮藏。

图 14-6　射干的果实

图 14-7　射干的果实及种子

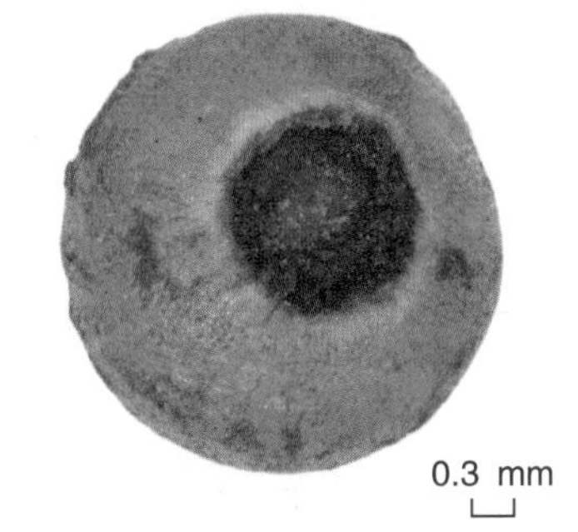

图 14-8　射干的种子

图 14-9　射干的种子纵切面

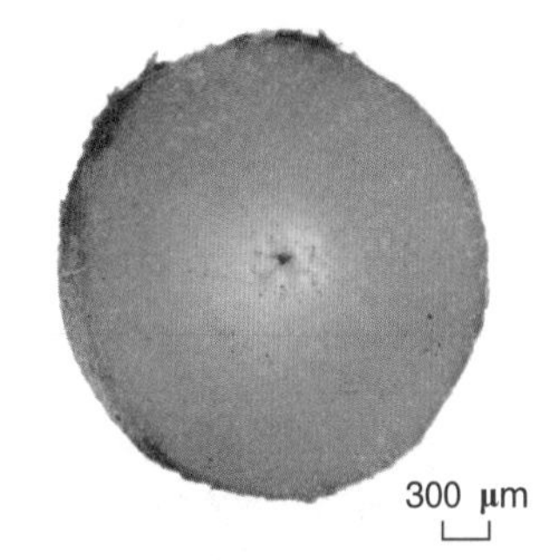

图 14-10　射干的种子横切面

15. 鸢尾

【别名】蓝蝴蝶、屋顶鸢尾、紫蝴蝶。

【来源】鸢尾科多年生草本植物鸢尾 *Iris tectorum* Maxim.。

【产地】产于河北、山西、安徽、江苏、浙江、福建、湖北、湖南、江西、广西、陕西、甘肃、四川、贵州、云南、西藏。

【功能主治】鸢尾的干燥根茎入药称川射干，具有清热解毒，祛痰，利咽的功效。用于热毒痰火郁结，咽喉肿痛，痰涎壅盛，咳嗽气喘。

【植物形态】根状茎粗壮，二歧分枝，直径约 1 cm，斜伸；须根较细而短。叶基生，黄绿色，稍弯曲，中部略宽，宽剑形，长 15~50 cm，宽 1.5~3.5 cm，顶端渐尖或短渐尖，基部鞘状，有数条不明显的纵脉（图 15-1）。花茎光滑，高 20~40 cm，顶部常有 1~2 个短侧枝，中、下部有 1~2 枚茎生叶；苞片 2~3 枚，绿色，草质，边缘膜质，色淡，披针形或长卵圆形，长 5~7.5 cm，宽 2~2.5 cm，顶端渐尖或长渐尖，内包含有 1~2 朵花；花蓝紫色，直径约 10 cm；花梗甚短；花被管细长，长约 3 cm，上端膨大成喇叭形，外花被裂片圆形或宽卵形，长 5~6 cm，宽约 4 cm，顶端微凹，爪部狭楔形，中脉上有不规则的鸡冠状附属物，成不整齐的縫状裂，内花被裂片椭圆形，长 4.5~5 cm，宽

图 15-1 鸢尾

约 3 cm，花盛开时向外平展，爪部突然变细（图 15–2、图 15–3）；雄蕊长约 2.5 cm，花药鲜黄色，花丝细长，白色；花柱分枝扁平，淡蓝色，长约 3.5 cm，顶端裂片近四方形，有疏齿，子房纺锤状圆柱形，长 1.8~2 cm（图 15–4）。

【采收】花期 4~5 月，果期 6~8 月。待果实变黄褐色，开裂时及时采收，以免掉落在地面，不好收集，除去杂质，晒干。

【果实及种子形态】蒴果长椭圆形或倒卵形，长 4.5~6 cm，直径 2~2.5 cm，有 6 条明显的肋，成熟时自上而下 3 瓣裂（图 15–5）；种子黑褐色，梨形，无附属物（图 15–6、图 15–7、图 15–8）。

【种子萌发特性】鸢尾种子自然萌发缓慢，周期长，发芽率低，具有休眠性。高浓度的吲哚 –3– 乙酸会抑制鸢尾种子的萌发，当吲哚 –3– 乙酸的浓度为 4×10^{-6}g/L 时，鸢尾种子的发芽率和发芽势最高，低浓度室温吲哚 –3– 乙酸有利于鸢尾种子发芽。低浓度

图 15–2　鸢尾的苞片

图 15–3　鸢尾的花

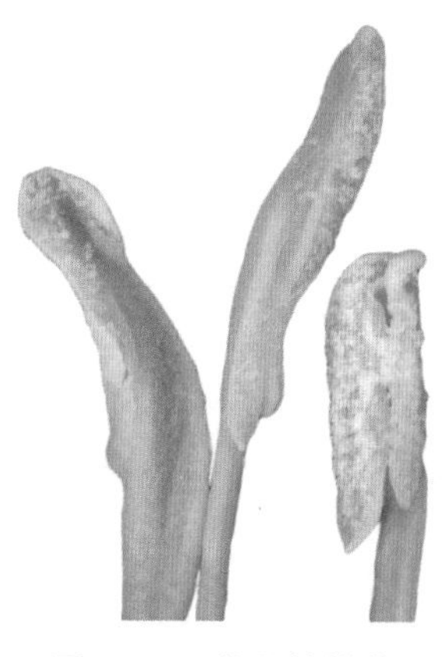

图 15–4　鸢尾的雄蕊

图 15–5　鸢尾的果实

的萘乙酸对鸢尾种子具有抑制作用，当萘乙酸质量浓度为 1×10^{-2}g/L 时，去皮鸢尾的种子发芽率和发芽势最高。赤霉素具有促进鸢尾种子萌发的作用，最适宜浓度为 0.1g/L。使用适宜的植物生长调节剂处理鸢尾的种子，均能提高鸢尾种子的发芽率。

【种子储藏要求】正常型，置于通风干燥处储存。

图 15-6　鸢尾的种子

图 15-7　鸢尾的种子横切面

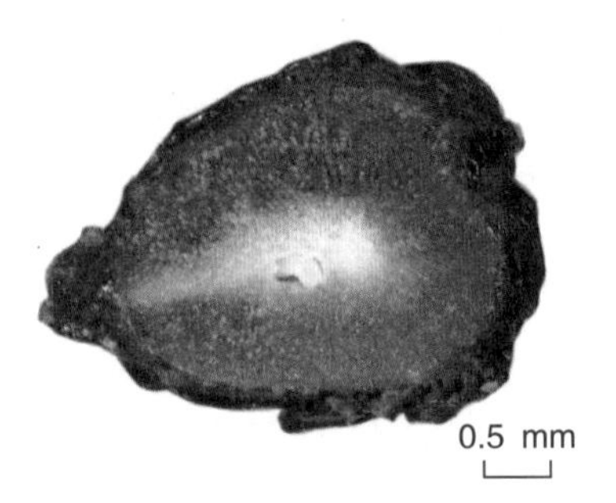

图 15-8　鸢尾的种子纵切面

16. 丹参

【别名】赤参、红丹参、山参。

【来源】唇形科多年生草本植物丹参 *Salvia miltiorrhiza* Bge.。

【产地】主产于河北、安徽、江苏、山东、四川等省。

【功能主治】丹参根和根茎入药称丹参，具有活血祛瘀，通经止痛，清心除烦，凉血消痈的功效。用于胸痹心痛，脘腹胁痛，癥瘕积聚，热痹疼痛，心烦不眠，月经不调，痛经经闭，疮疡肿痛。

【植物形态】茎直立，高 40~80 cm，四棱形，具槽，密被长柔毛，多分枝（图 16–1）。叶常为奇数羽状复叶，叶柄长 1.3~7.5 cm，密被向下长柔毛，小叶 3~5（~7），长 1.5~8 cm，宽 1~4 cm，卵圆形、椭圆状卵圆形或宽披针形，先端锐尖或渐尖，基部圆形或偏斜，边缘具圆齿，草质，两面被疏柔毛，下面较密，小叶柄长 2~14 mm，与叶轴密被长柔毛（图 16–2）。轮伞花序 6 花或多花，下部者疏离，上部者密集，组成长 4.5~17 cm 具长梗的顶生或腋生总状花序（图 16–3）；苞片披针形，先端渐尖，基部楔形，全缘，上面无毛，下面略被疏柔毛，比花梗长或短（图 16–4）；花梗长 3~4 mm，花序轴密被长柔毛或具腺长柔毛。花萼钟形，带紫色，长约 1.1 cm，花后稍增大，外面

图 16–1　丹参

被疏长柔毛及具腺长柔毛，具缘毛，内面中部密被白色长硬毛，具 11 脉，二唇形，上唇全缘，三角形，长约 4 mm，宽约 8 mm，先端具 3 个小尖头，侧脉外缘具狭翅，下唇与上唇近等长，深裂成 2 齿，齿三角形，先端渐尖。花冠紫蓝色，长 2~2.7 cm，外被具腺短柔毛，尤以上唇为密，内面离冠筒基部约 2~3 mm 有斜生不完全小疏柔毛毛环，冠筒外伸，比冠檐短，基部宽 2 mm，向上渐宽，至喉部宽达 8 mm，冠檐二唇形，上唇长 12~15 mm，镰刀状，向上竖立，先端微缺，下唇短于上唇，3 裂，中裂片长 5 mm，宽达 10 mm，先端二裂，裂片顶端具不整齐的尖齿，侧裂片短，顶端圆形，宽约 3 mm 能育雄蕊 2，伸至上唇片，花丝长 3.5~4 mm，药隔长 17~20 mm，中部关节处略被小疏柔毛，上臂十分伸长，长 14~17 mm，下臂短而增粗，药室不育，顶端联合。退化雄蕊线形，长约 4 mm，花药着生方式为基着药（图 16–5）。花柱远外伸，长达 40 mm，先端不相等 2 裂，后裂片极短，前裂片线形（图 16–6）。花盘前方稍膨大（图 16–7）。

【采收】期 4~8 月，果实成熟期为 10 月，果实成熟时采摘果序，晒干，脱粒，除去杂质，贮藏。

【果实及种子形态】小坚果黑色，椭圆形，长约 3.2 cm，直径 1.5 mm（图 16–8）。种子椭圆形或卵形，茶褐色，小，长 1.8~2.5 mm，宽 1.1~1.6 mm（图 16–9、图 16–10）。

图 16–2　丹参的叶

图 16–3　丹参的花序

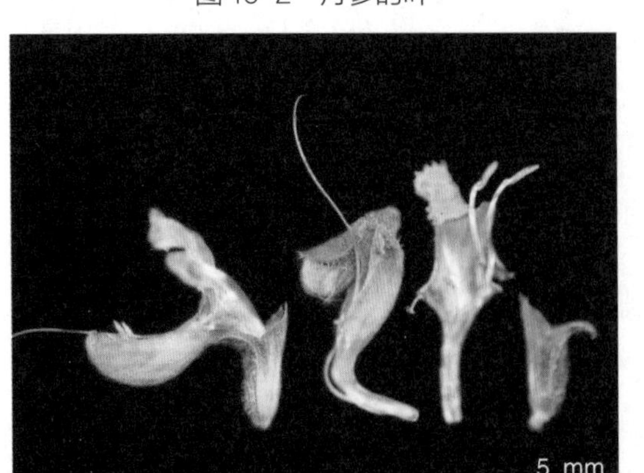

图 16–4　丹参的花

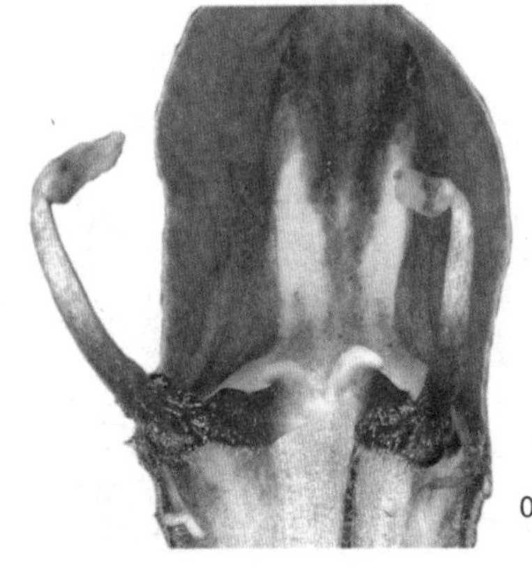

图 16–5　丹参的雄蕊

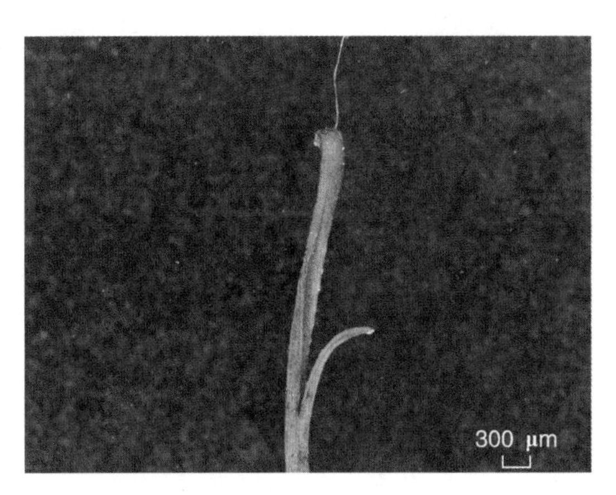

图 16-6　丹参的雌蕊

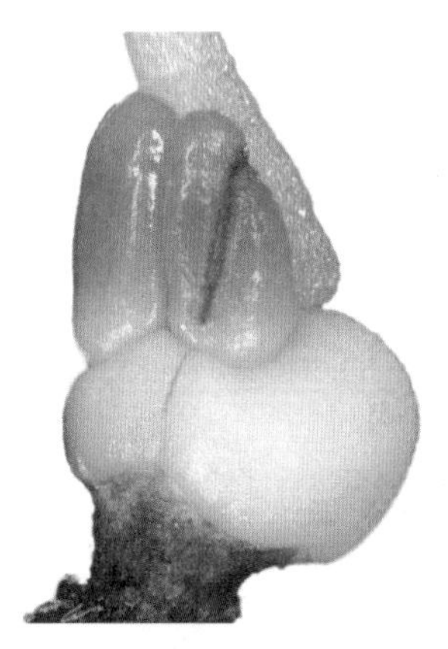

图 16-7　丹参的花盘

图 16-8　丹参的果实

图 16-9　丹参的种子横切面

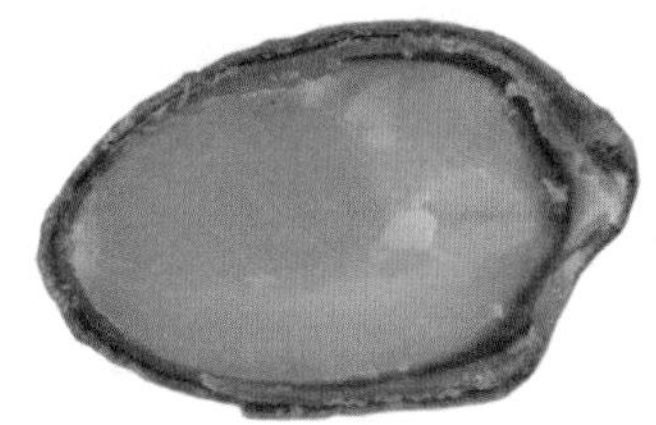

图 16-10　丹参的种子纵切面

【种子萌发特性】丹参种子能够在 15~25℃萌发，萌发势在 20℃、25℃为最佳，低温种子不能萌发，35℃以上种子不能萌发。光照也是影响丹参种子发芽的一个因素，25℃下全光照丹参种子的发芽势和发芽率为 54.52%、92.45%，无光照下发芽势和发芽率为 20.55%、45.51%，丹参种子的发芽需要适当的光照。丹参种子对 pH 的要求不严格，当 pH 值接近中性时其发芽率达到最高，为 92.55%。赤霉素处理的浓度会影响丹参种子的萌发，0.5g/L 的赤霉素对种子的萌发其抑制作用，而其他浓度赤霉素对丹参种子的萌发作用不明显。新采收的丹参种子发芽率可达 92.45%，贮藏超 6 个月以后的丹参种子的发芽势和发芽率都会明显的下降，贮藏 2 年的丹参种子的发芽率约为 30.0%，贮藏 3 年以上的丹参种子的发芽率仅有 15%。

【种子贮藏要求】正常型，常温贮藏 1 年以内。

17．栝楼

【**别名**】括楼、瓜蒌、瓜楼。

【**来源**】葫芦科一年生攀援藤本植物栝楼 *Trichosanthes kirilowii* Maxim.。

【**产地**】主产于河北、河南、山东。

【**功能主治**】栝楼的根入药称天花粉，具有清热泻火，生津止渴，消肿排脓的功效。用于热病烦渴，肺热燥咳，内热消渴，疮疡肿毒。栝楼的种子入药称瓜蒌子，具有润肺化痰，滑肠通便的功效。用于燥咳痰黏，肠燥便秘。栝楼成熟的果实入药称瓜蒌，具有清热涤痰，宽胸散结，润燥滑肠的功效。用于肺热咳嗽，痰浊黄稠，胸痹心痛，结胸痞满，乳痈，肺痈，肠痈，大便秘结。

【**植物形态**】攀援藤本，长达 10 m。茎较粗，多分枝，具纵棱及槽，被白色伸展柔毛（图 17–1）。叶片纸质，轮廓近圆形，长宽均 5~20 cm，常 3~5 (~7) 浅裂至中裂，稀深裂或不分裂而仅有不等大的粗齿，裂片菱状倒卵形、长圆形，先端钝，急尖，边缘常再浅裂，叶基心形，弯缺深 2~4 cm，上表面深绿色，粗糙，背面淡绿色，两面沿脉被长柔毛状硬毛，基出掌状脉 5 条，细脉网状；叶柄长 3~10 cm，具纵条纹，被长柔毛。卷须 3~7 歧，被柔毛（图 17–2）。花雌雄异株。雄总状花序单生，或与一单花并生，或

图 17–1　栝楼

在枝条上部者单生，总状花序长 10~20 cm，粗壮，具纵棱与槽，被微柔毛，顶端有 5~8 花，单花花梗长约 15 cm，花梗长约 3 mm，小苞片倒卵形或阔卵形，长 1.5~2.5 (~3) mm，宽 1~2 mm，中上部具粗齿，基部具柄，被短柔毛；花萼筒筒状，长 2~4 mm，顶端扩大，径约 10 mm，中、下部径约 5 mm，被短柔毛，裂片披针形，长 10~15 mm，宽 3~5 mm，全缘；花冠白色，裂片倒卵形，长 20 mm，宽 18 mm，顶端中央具 1 绿色尖头，两侧具丝状流苏，被柔毛；花药靠合，长约 6 mm，径约 4 mm，花丝分离，粗壮，被长柔毛。雌花单生，花梗长 7.5 cm，被短柔毛；花萼筒圆筒形，长 2.5 cm，径 1.2 cm，裂片和花冠同雄花（图 17–3、图 17–4）；子房椭圆形，绿色，长 2 cm，径 1 cm，花柱长 2 cm，柱头 3（图 17–5）。

图 17–2　栝楼的叶

图 17–3　栝楼的花

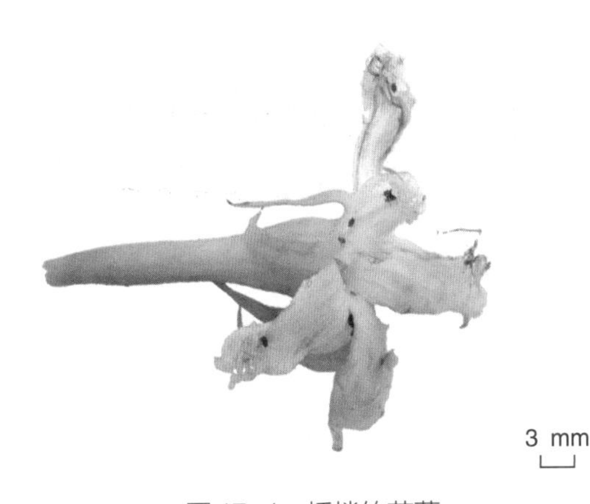

图 17–4　栝楼的花萼

图 17–5　栝楼的子房及雄蕊

【采收】花期 5~8 月，果期 8~10 月。秋季采摘成熟的果实，剖开，取出种子，洗净，晒干。

【果实及种子形态】果梗粗壮，长 4~11 cm；果实椭圆形或圆形，长 7~10.5 cm，成熟时黄褐色或橙黄色（图 17–6）；扁平椭圆形，长 12~15 mm，宽 6~10 mm，厚约 3.5 mm。种子表面浅棕色至棕褐色，平滑，沿边缘有 1 圈沟纹。顶端较尖，有种脐，基

图 17-6　栝楼的果实

部钝圆或较狭。种皮坚硬；内种皮膜质，灰绿色，子叶 2，黄白色，富油性（图 17-7、图 17-8、图 17-9）。

【种子萌发特性】栝楼的种子具有明显的休眠性，其种皮坚硬有机械阻碍作用。可以机械取出种皮从而消除栝楼种子的物理障碍，提高栝楼种子的萌发率。浓硫酸处理栝楼种子对于破除其休眠性具有一定的作用，浓硫酸处理栝楼种子 10 分钟萌发率最高；处理时间超过 10 分钟浓硫酸在破坏种皮的同时也破坏了胚，影响栝楼种子的萌发率。栝楼种子成熟后长时间地浸于栝楼果汁中，干燥后，果汁附在种子表面，具研究表明可能对种子萌发起到抑制作用，通过流水冲洗栝楼种子 12 小时可以显著提高栝楼种子的发芽率，可能与栝楼种子表面的附着物有关系。

【种子储藏要求】正常型，置于通风，干燥处贮藏。

图 17-7　栝楼的种子

图 17-8　栝楼的种子横切面

图 17-9　栝楼的种子纵切面

18. 膜荚黄芪

【别名】膜荚黄耆、黄芪、黄耆。

【来源】豆科多年生草本植物膜荚黄芪 *Astragalus membranaceus*（Fisch.）Bge.。

【产地】主产于河北、内蒙古、山西、陕西及黑龙江、吉林、辽宁等地。

【功能主治】膜荚黄芪根入药称黄芪，具有补气升阳，固表止汗，利水消肿，生津养血，行滞通痹，托毒排脓，敛疮生肌的功效。用于气虚乏力，食少便溏，中气下陷，久泻脱肛，便血崩漏，表虚自汗，气虚水肿，内热消渴，血虚萎黄，半身不遂，痹痛麻木，痈疽难溃，久溃不敛。

【植物形态】多年生草本，高 50~100 cm。主根肥厚，木质，常分枝，灰白色。茎直立，上部多分枝，有细棱，被白色柔毛（图 18–1）。羽状复叶有 13~27 片小叶，长 5~10 cm；叶柄长 0.5~1 cm；托叶离生，卵形，披针形或线状披针形，长 4~10 mm，下面被白色柔毛或近无毛；小叶椭圆形或长圆状卵形，长 7~30 mm，宽 3~12 mm，先端钝圆或微凹，具小尖头或不明显，基部圆形，上面绿色，近无毛，下面被伏贴白色柔毛（图 18–2）。总状花序稍密，有 10~20 朵花；总花梗与叶近等长或较长，至果期显著伸长；苞片线状披针形，长 2~5 mm，背面被白色柔毛；花梗长 3~4 mm，连同花序轴稍密

图 18-1　膜荚黄芪

被棕色或黑色柔毛；小苞片 2（图 18–3）；花萼钟状，长 5~7 mm，外面被白色或黑色柔毛，有时萼筒近于无毛，仅萼齿有毛，萼齿短，三角形至钻形，长仅为萼筒的 1/4~1/5；花冠黄色或淡黄色，旗瓣倒卵形，长 12~20 mm，顶端微凹，基部具短瓣柄，翼瓣较旗瓣稍短，瓣片长圆形，基部具短耳，瓣柄较瓣片长约 1.5 倍，龙骨瓣与翼瓣近等长，瓣片半卵形，瓣柄较瓣片稍长（图 18–4）；雄蕊 10，9 合 1 离型，花药着生方式为背着药，纵裂（图 18–5）；子房有柄，被细柔毛（图 18–6）。

【采收】花期 6~8 月，果期 7~9 月。待果实成熟时摘下荚果，搓果皮，晒干，除去杂质，贮藏。

【果实及种子形态】荚果薄膜质，稍膨胀，半椭圆形，长 20~30 mm，宽 8~12 mm，顶端具刺尖，两面被白色或黑色细短柔毛，果颈超出萼外（图 18–7）；种子 3~8 颗（图 18–8、图 18–9、图 18–10）。

【种子萌发特性】膜荚黄芪种子具有休眠性，含有内源抑制物质，且种皮具有硬实现象，种皮中具有角质层和排列紧密的栅状细胞，影响种子吸水，从而影响其萌发率。日常的湿度和温度条件下约有 80% 的种子不能萌发，所以在种植之前需要进行预处理。赤霉素处理膜荚黄芪种子，其发芽势和发芽率都会显著升高，赤霉素浓度在

图 18–2　膜荚黄芪的叶形及叶序

图 18–3　膜荚黄芪的花序

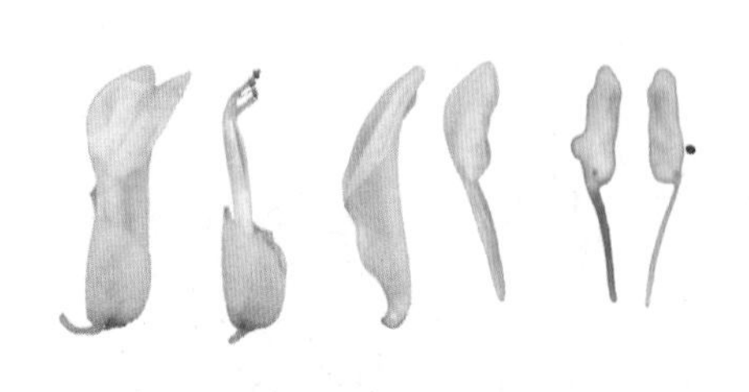

图 18–4　膜荚黄芪的花萼及花冠

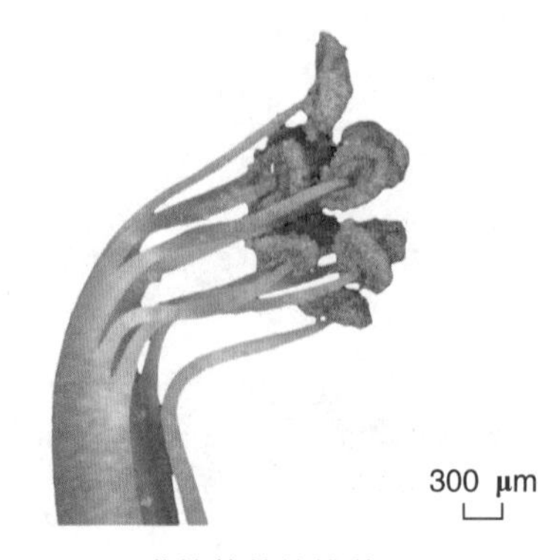

图 18–5　膜荚黄芪的雄蕊

（1~20）$\times 10^{-5}$ g/ml 范围内，随着浓度的升高，其发芽率呈先上升再下降的变化趋势，其中赤霉素浓度为 5×10^{-5} g/L，浸泡时间为 18 小时发芽率最高。膜荚黄芪种皮较硬，可以研磨种皮后，用清水浸种 18 小时，或直接清水浸泡 24 小时，其效果甚佳，发芽率及发芽趋势与赤霉素处理效果相同。

【种子储藏要求】正常型，常温，通风，干燥贮存。

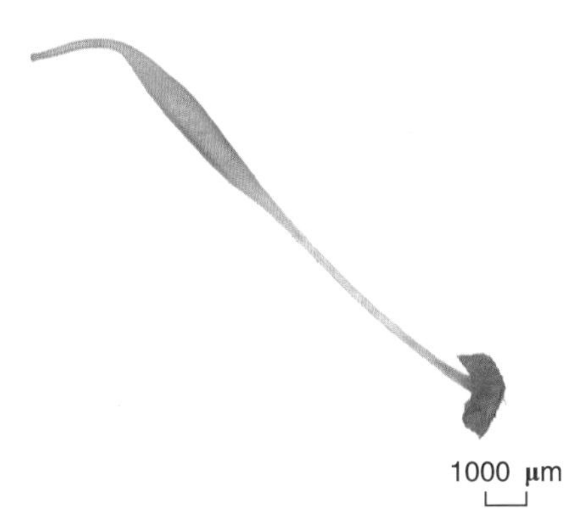

图 18-6　膜荚黄芪的子房

图 18-7　膜荚黄芪的果实

图 18-8　膜荚黄芪的种子　图 18-9　膜荚黄芪的种子横切面　图 18-10　膜荚黄芪的种子纵切面

19. 甘草

【别名】甜草、甜甘草、甜根子、甜草根、红甘草。

【来源】豆科多年生草本植物甘草 *Glycyrrhiza uralensis* Fisch.。

【产地】主产于河北、内蒙古、甘肃、山西等地。

【功能主治】甘草根及根茎入药称甘草，具有补脾益气，清热解毒，祛痰止咳，缓急止痛，调和诸药的功效。用于脾胃虚弱，倦怠乏力，心悸气短，咳嗽痰多，脘腹、四肢挛急疼痛，痈肿疮毒，缓解药物毒性、烈性。

【植物形态】茎直立，多分枝，高 30~120 cm，密被鳞片状腺点、刺毛状腺体及白色或褐色的绒毛，叶长 5~20 cm（图 19–1）；托叶三角状披针形，长约 5 mm，宽约 2 mm，两面密被白色短柔毛；叶柄密被褐色腺点和短柔毛；小叶 5~17 枚，卵形、长卵形或近圆形，长 1.5~5 cm，宽 0.8~3 cm，上面暗绿色，下面绿色，两面均密被黄褐色腺点及短柔毛，顶端钝，具短尖，基部圆，边缘全缘或微呈波状，多少反卷（图 19–2）。总状花序腋生，具多数花，总花梗短于叶，密生褐色的鳞片状腺点和短柔毛；苞片长圆状披针形，长 3~4 mm，褐色，膜质，外面被黄色腺点和短柔毛（图 19–3）；花萼钟状，长 7~14 mm，密被黄色腺点及短柔毛，基部偏斜并膨大呈囊状，萼齿 5，与萼筒近

图 19–1 甘草

等长，上部2齿大部分连合（图19–4）；花冠紫色、白色或黄色，长10~24 mm，旗瓣长圆形，顶端微凹，基部具短瓣柄，翼瓣短于旗瓣，龙骨瓣短于翼瓣（图19–5）；雄蕊10，花药着药方式为背着药，开裂方式为纵裂（图19–6、图19–7），子房上位，密被刺毛状腺体（图19–8）。

【采收】花期6~8月，果期7~10月。

图19–2　甘草的叶序及叶形

图19–3　甘草的花序及苞片

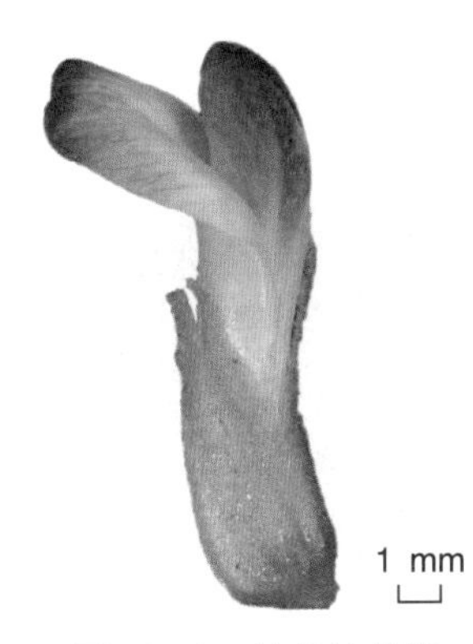

图19–4　甘草的花萼

图19–5　甘草的花冠

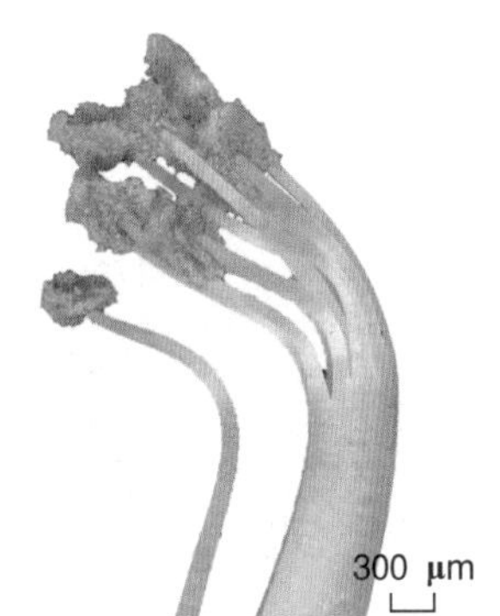

图19–6　甘草的雄蕊

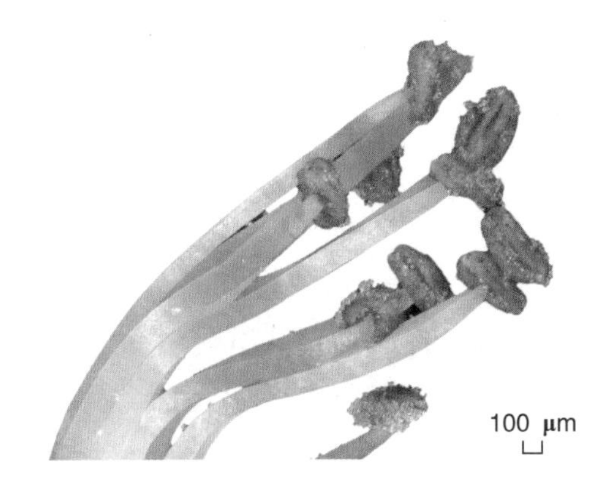

图19–7　甘草的花药

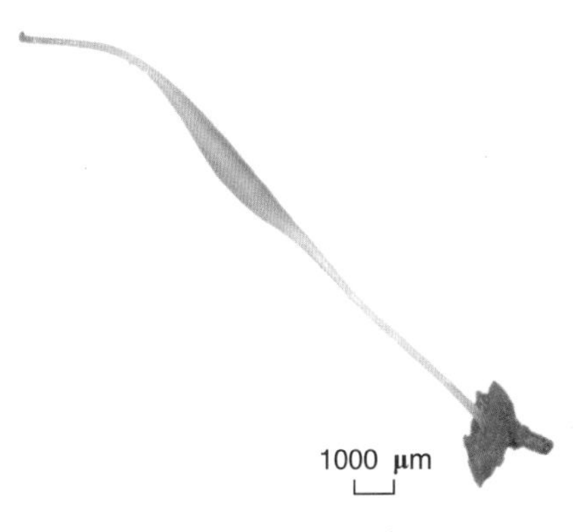

图19–8　甘草的子房

【果实及种子形态】荚果弯曲呈镰刀状或呈环状，密集成球，密生瘤状突起和刺毛状腺体（图 19-9）。种子暗绿色，圆形或肾形，长约 3 mm，种脐位于一端，子叶两枚，乳黄色（图 19-10、图 19-11、图 19-12）。

图 19-9　甘草的果实

【种子萌发特性】甘草种子不易萌发，种子成熟度高或者成熟后期温度较高都会使种皮的厚度增加，种皮坚硬、光滑致密，水分很难渗透，不易吸收水分，在播种前必须进行前处理。可用硫酸浸泡甘草种子，腐蚀种皮，使种皮变薄；也可利用高速滚动的碾米机，使种子与高速装机相互摩擦，将种皮击破。播种前将种子放入 60℃的温水中，并不停地搅拌，待其温度降下来，捞出泡在清水中，直到种子膨胀，也可有利于种子的萌发。甘草种子在 10~40℃的范围内均可萌发，在 15~20℃条件下，湿度适宜，10~15 天即可发芽，最适宜的发芽温度为 25℃。

【种子贮藏要求】正常型，室温，通风干燥贮存。

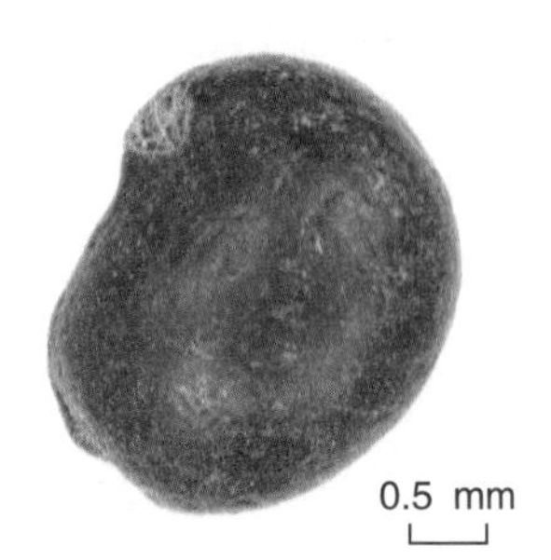

图 19-10　甘草的种子

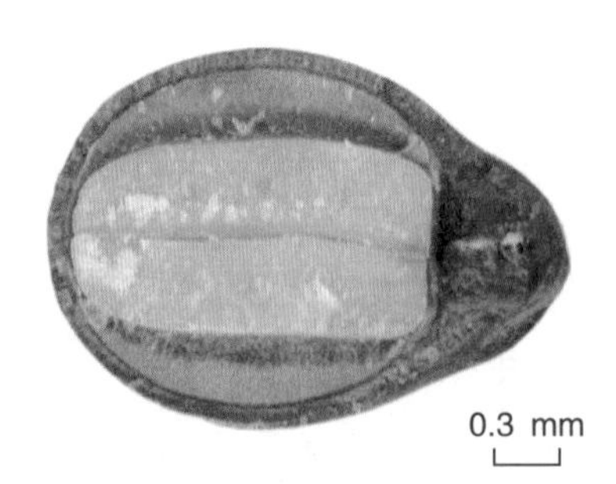

图 19-11　甘草的种子横切面

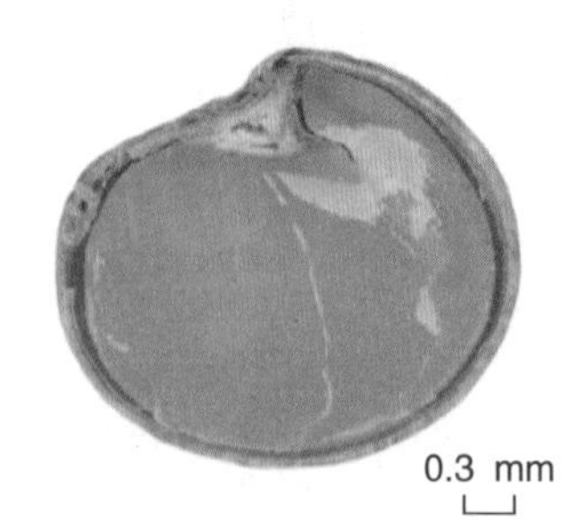

图 19-12　甘草的种子纵切面

20．穿龙薯蓣

【别名】穿山龙、山常山。

【来源】薯蓣科缠绕藤本植物穿龙薯蓣 *Dioscorea nipponica* Makino.。

【产地】主产于山东、河北、吉林、河南、安徽、浙江、江西、陕西、甘肃、青海等地。

【功能主治】穿龙薯蓣干燥根茎入药称穿山龙，具有祛风除湿，舒筋通络，活血止痛，止咳平喘功效。用于风湿痹病，关节肿胀，疼痛麻木，跌扑损伤，闪腰岔气，咳嗽气喘。

【植物形态】根状茎横生，圆柱形，多分枝，栓皮层显著剥离。茎左旋，近无毛，长达 5 m（图 20–1）。单叶互生，叶柄长 10~20 cm；叶片掌状心形，变化较大，茎基部叶长 10~15 cm，宽 9~13 cm，边缘作不等大的三角状浅裂、中裂或深裂，顶端叶片小，近于全缘，叶表面黄绿色，有光泽，无毛或有稀疏的白色细柔毛，尤以脉上较密（图 20–2）。花雌雄异株。雄花序为腋生的穗状花序，花序基部常由 2~4 朵集成小伞状，至花序顶端常为单花；苞片披针形，顶端渐尖，短于花被；花被碟形，6 裂，裂片顶端钝圆；雄蕊 6 枚，着生于花被裂片的中央，药内向（图 20–3、图 20–4、图 20–5）。雌花序穗状，单生；雌花具有退化雄蕊，有时雄蕊退化仅留有花丝；雌蕊柱头 3 裂，裂片再

图 20–1 穿龙薯蓣

2裂（图20–6）。

【**采收**】花期6~8月，果期8~10月。待果实成熟时采下果序，搓去果皮，留下种子，晒干。

【**果实及种子形态**】蒴果成熟后枯黄色，三棱形，顶端凹入，基部近圆形，每棱翅状，大小不一，一般长约2 cm，宽约1.5 cm（图20–7）；种子每室2枚，有时仅1枚发育，着生于中轴基部。种子棕褐色薄片状、椭圆形，四周有不等的薄膜状翅，上方呈长

图20-2　穿龙薯蓣的叶

图20-3　穿龙薯蓣的雄花

图20-4　穿龙薯蓣的雌花

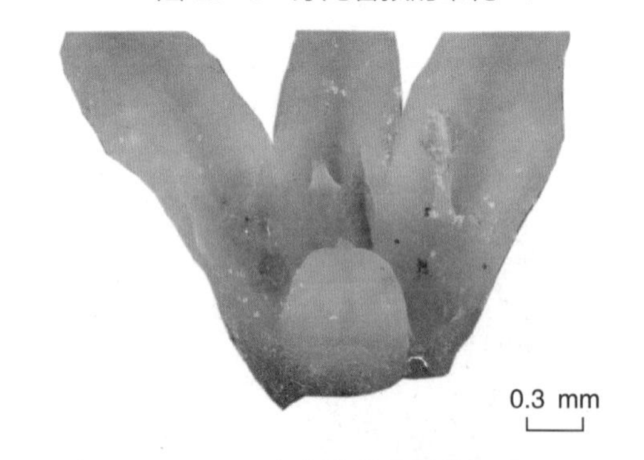

图20-5　穿龙薯蓣的雌花子房

图20-6　穿龙薯蓣的雌花

图20-7　穿龙薯蓣的果实

方形，长比宽约大 2 倍，长 8.9~14.1 mm，宽 5.5~7.1 mm，厚 0.5~0.9 mm；种仁椭圆形，深棕色，腹侧肾形，由种脐向一侧面伸出一棕色横线状种脊（图 20–8、图 20–9、图 20–10）。

【种子萌发特性】穿龙薯蓣的种子具有休眠性，其翼翅中含有内源性物质，可明显地抑制自身的萌发，在播种前需要对其进行预处理。低温、砂藏处理可以大大提高穿龙薯蓣种子的萌发率，4℃左右、砂藏处理 60 天，在 25℃条件下种子萌发率较高。经过 1 个月的低温处理，一般 10 天就可以发芽，发芽率可达 90%，而不经过低温处理的穿龙薯蓣的种子，发芽时间可近 1 个月，发芽率较低，一般在 40%~60%。0~5℃低温处理 1 个月和 100 mg/L 赤霉素浸种 24 小时也可以破除种子休眠。萌发的适宜温度为 20~30℃，湿度适宜的情况下，25~28 天出苗，如低于该温度则发芽受到限制。

【种子储藏要求】正常型，置于通风干燥处储存。

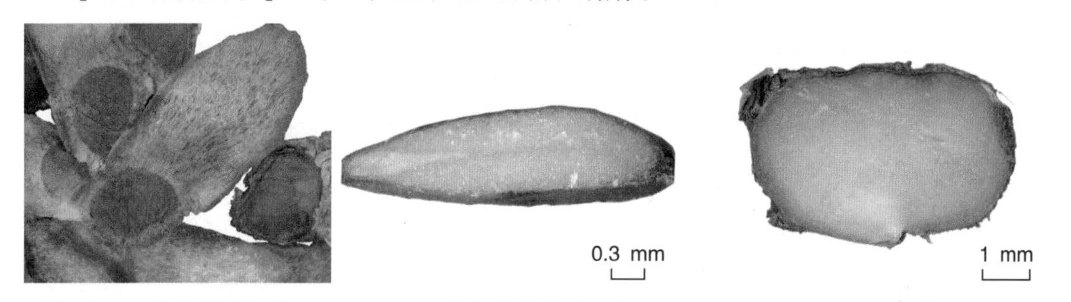

图 20–8　穿龙薯蓣的种子　图 20–9　穿龙薯蓣的种子横切面　图 20–10　穿龙薯蓣的种子纵切面

21. 决明

【别名】草决明、羊角、马蹄决明、狗屎豆、假绿豆。

【来源】豆科一年生草本植物决明 *Cassia obtusifolia* L.。

【产地】主产于河北、安徽、广东。

【功能主治】决明种子入药称决明子，具有清热明目，润肠通便的功效。用于目赤涩痛，畏光多泪，头痛眩晕，目暗不明，大便秘结。

【植物形态】直立、粗壮、一年生亚灌木状草本，高 1~2 m（图 21–1）。叶长 4~8 cm；叶柄上无腺体；叶轴上每对小叶间有棒状的腺体 1 枚；小叶 3 对，膜质，倒卵形或倒卵状长椭圆形，长 2~6 cm，宽 1.5~2.5 cm，顶端圆钝而有小尖头，基部渐狭，偏斜，上面被稀疏柔毛，下面被柔毛；小叶柄长 1.5~2 mm（图 21–2）；托叶线状，被柔毛，早落（图 21–3）。花腋生，通常 2 朵聚生；总花梗长 6~10 mm；花梗长 1~1.5 cm，丝状（图 21–4）；萼片稍不等大，卵形或卵状长圆形，膜质，外面被柔毛，长约 8 mm（图 21–5）；花瓣黄色，下面 2 片略长，长 12~15 mm，宽 5~7 mm（图 21–6）；能育雄蕊 7 枚，花药四方形，顶孔开裂，长约 4 mm，花丝短于花药（图 21–7）；子房上位，无柄，

图 21–1　决明

被白色柔毛（图 21-8）。

【采收】花期、果期 8~11 月，待果实成熟时采收，晒干，除去杂质，贮存。

【果实及种子形态】荚果细长，近四棱形，长 15~20 cm（图 21-9）。菱方形或短圆柱形，两端平行倾斜，长 3~7 mm，宽 2~4 mm。表面绿棕色或暗棕色，平滑有光泽。种子一端较平坦，另端斜尖，背腹面各有 1 条突起的棱线，棱线两侧各有 1 条斜向对称而

图 21-2　决明的叶序及叶形

图 21-3　决明的托叶

图 21-4　决明的花序

图 21-5　决明的萼片

图 21-6　决明的花

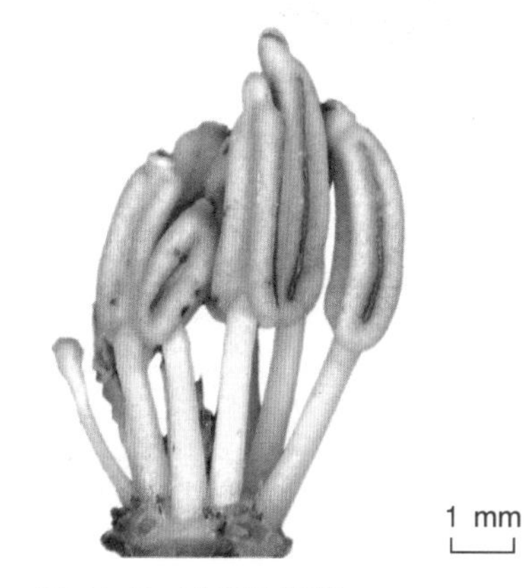

图 21-7　决明的雄蕊

色较浅的线形凹纹。种皮薄，子叶 2，黄色，呈“S”形折曲并重叠（图 21-10、图 21-11、图 21-12）。

【种子萌发特性】决明种子不经过处理，不易萌发，其种子较为硬实，并且种皮坚硬，外被蜡质层，不易吸水膨胀，从而影响种子的发芽率。H_2SO_4、KOH 和 KNO_3 等处理决明种子，均是通过腐蚀种皮使种壳变薄，或者是消除珠孔等部位的堵塞物，增强种胚与外界的通透性从而提高发芽率。经过浓硫酸处理的决明种子萌发率显著升高，其中 80%H_2SO_4 处理种子，发芽率达到了 95.7%。不同水温浸种也可以提高决明种子的萌发率，以 60℃的水温浸泡 2 小时处理，种子发芽率最高，达到 97.6%。

【种子贮藏要求】正常型，室温，通风，干燥贮存。

图 21-8　决明的子房

图 21-9　决明的果实

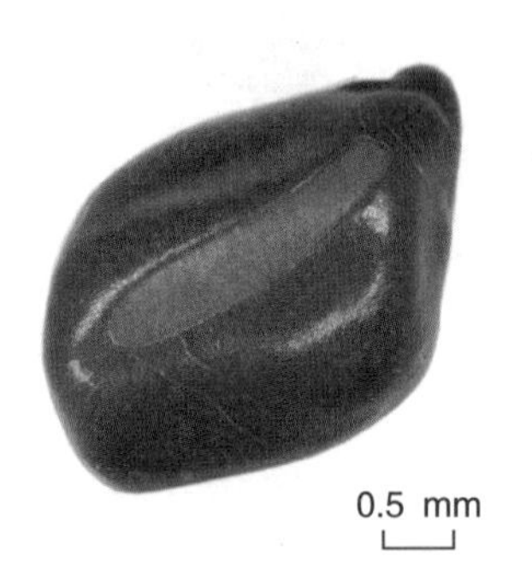

图 21-10　决明的种子

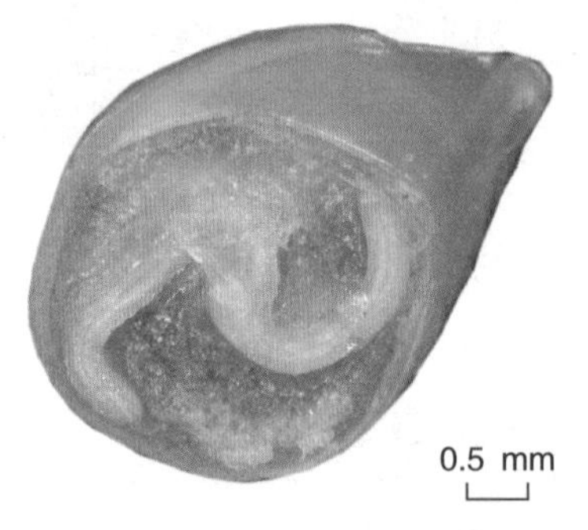

图 21-11　决明的种子横切面

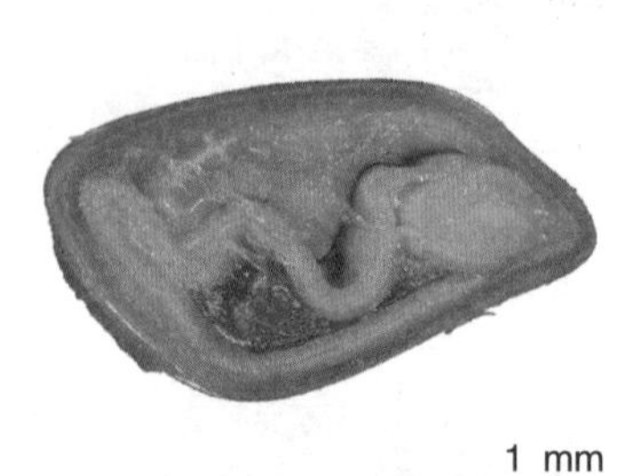

图 21-12　决明的种子纵切面

22. 萝卜

【别名】莱菔。

【来源】十字花科一年生或二年生草本植物萝卜 *Raphanus sativus* L.。

【产地】全国各地均产。

【功能主治】萝卜种子入药称莱菔子，具有消食除胀，降气化痰的功效。用于饮食停滞，脘腹胀痛，大便秘结，积滞泻痢，痰壅喘咳。

【植物形态】二年或一年生草本，高 20~100 cm；茎有分枝，无毛，稍具粉霜。基生叶和下部茎生叶大头羽状半裂，长 8~30 cm，宽 3~5 cm，顶裂片卵形，侧裂片 4~6 对，长圆形，有钝齿，疏生粗毛，上部叶长圆形，有锯齿或近全缘（图 22–1）。总状花序顶生及腋生；花白色或粉红色，直径 1.5~2 cm；花梗长 5~15 mm；萼片长圆形，长 5~7 mm；花瓣倒卵形，长 1~1.5 cm，具紫纹，下部有长 5 mm 的爪（图 22–2）。雄蕊 6 个，花药着生方式为基着药（图 22–3），复雌蕊，子房为单室复子房（图 22–4）。

【采收】花期 4~5 月，果期 5~6 月。翌年 5~8 月，有果充分成熟采收晒干，打下种子，除去杂质，放干燥处贮藏。

【果实及种子形态】长角果圆柱形，长 3~6 cm，宽 10~12 mm，在相当种子间处缢

图 22–1 萝卜

缩，并形成海绵质横隔；顶端喙长 1~1.5 cm；果梗长 1~1.5 cm（图 22-5）。种子呈类卵圆形或椭圆形，稍扁，长 2.5~4 mm，宽 2~3 mm。表面黄棕色、红棕色或灰棕色。一端有深棕色圆形种脐，一侧有数条纵沟。种皮薄而脆，子叶 2，黄白色，有油性（图 22-6、图 22-7、图 22-8）。

【种子萌发特性】萝卜种子的发芽温度范围为 15~30℃，最适发芽温度为 25℃，在 25℃下 3 天的发芽率达到 98%。

【种子贮藏要求】正常型，常温贮藏。

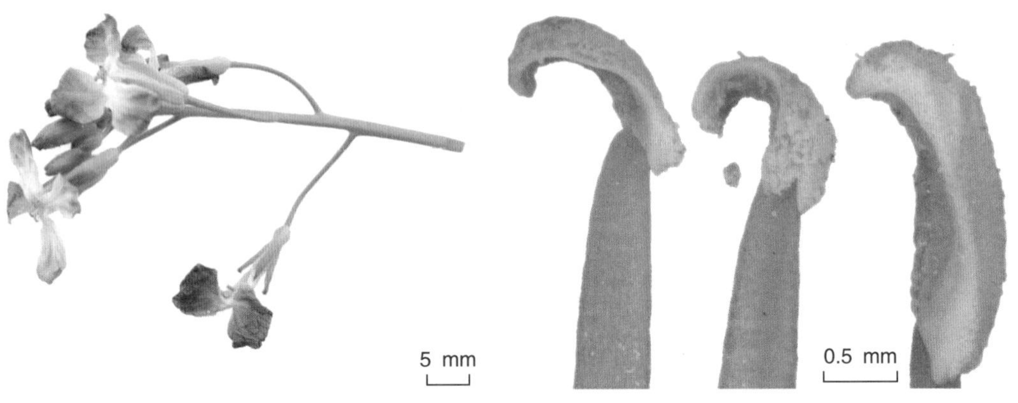

图 22-2　萝卜的花序及花　　图 22-3　萝卜的雄蕊

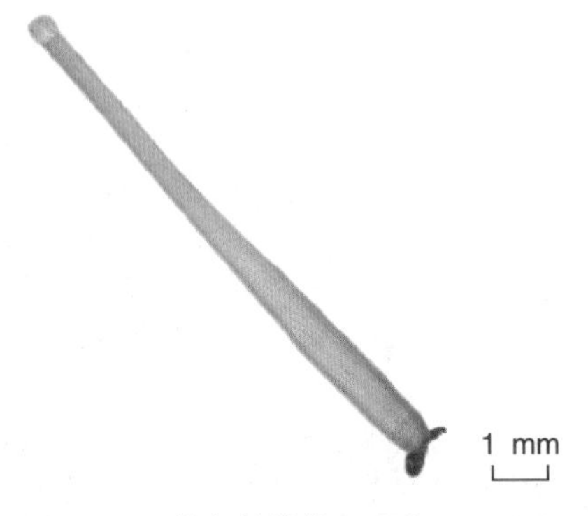

图 22-4　萝卜的雌蕊及子房

图 22-5　萝卜的果实

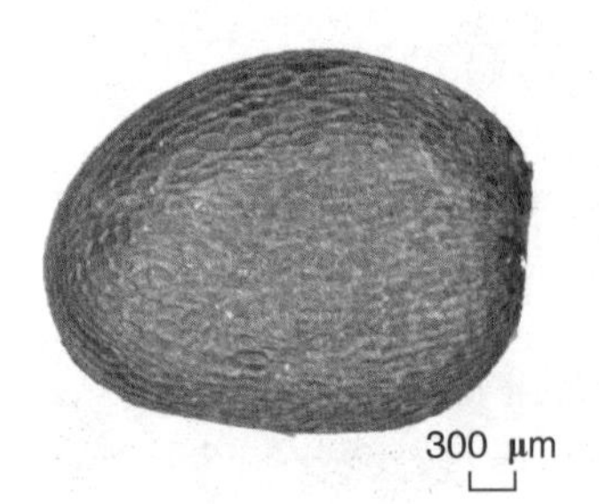

图 22-6　萝卜的种子

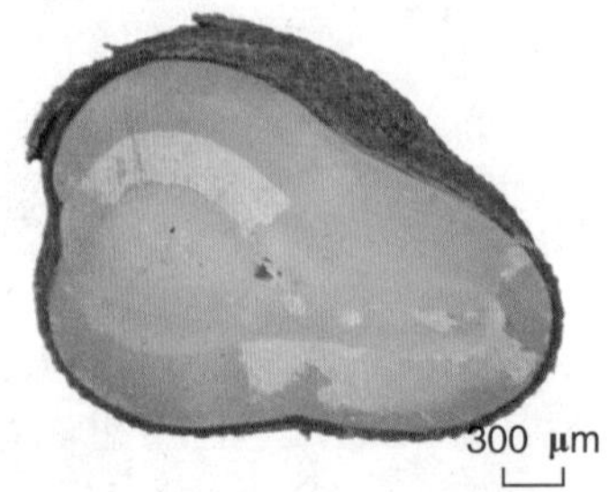

图 22-7　萝卜的种子横切面

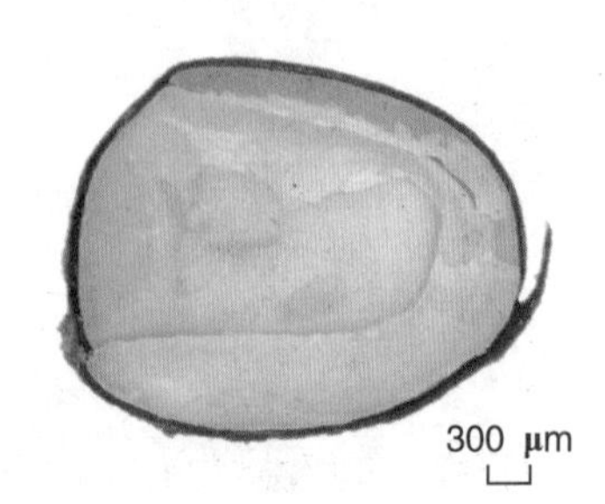

图 22-8　萝卜的种子纵剖面

23. 望江南

【别名】羊角豆、假决明、狗屎豆。

【来源】豆科木本植物望江南 *Senna occidentalis* Link 。

【产地】主产于河北、安徽、浙江等地。

【功能主治】望江南种子入药称望江南子，具有清肝明目，健胃润肠，解毒止痛的功效。用于肝阳上亢头痛，便秘，消化不良，下痢腹痛，肺痈，淋症，白带。

【植物形态】直立、少分枝的亚灌木或灌木，无毛，高 0.8~1.5 m；枝带草质，有棱；根黑色（图 23–1）。叶长约 20 cm；叶柄近基部有大而带褐色、圆锥形的腺体 1 枚；小叶 4~5 对，膜质，卵形至卵状披针形，长 4~9 cm，宽 2~3.5 cm，顶端渐尖，有小缘毛；小叶柄长 1~1.5 mm，揉之有腐败气味；托叶膜质，卵状披针形，早落（图 23–2）。花数朵组成伞房状总状花序，腋生和顶生，长约 5 cm；苞片线状披针形或长卵形，长渐尖，早脱（图 23–3）；花长约 2 cm；萼片不等大，外生的近圆形，长 6 mm，内生的卵形，长 8~9 mm（图 23–4）；花瓣黄色，外生的卵形，长约 15 mm，宽 9~10 mm，其余可长达 20 mm，宽 15 mm，顶端圆形，均有短狭的瓣柄（图 23–5）；雄蕊 7 枚发育，

图 23–1　望江南

3 枚不育，无花药（图 23-6）。

【采收】秋季果实成熟时采收，晒干，打下种子，除去杂质。

【果实及种子形态】荚果带状镰形，褐色，压扁，长 10~13 cm，宽 8~9 mm，稍弯曲，边较淡色，加厚，有尖头；果柄长 1~1.5 cm；种子 30~40 颗，种子间有薄隔膜（图 23-7）。种子呈扁卵形，直径 3~4 mm。表面黄绿色、灰绿色或紫棕色，略有光泽，两

图 23-2　望江南的叶序及叶形

图 23-3　望江南的花序

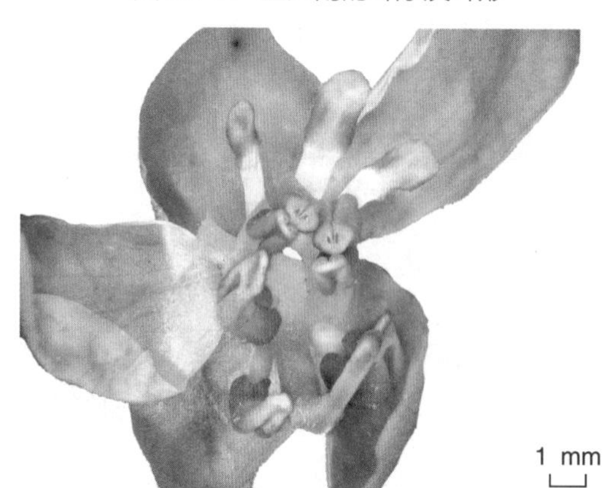

图 23-4　望江南的萼片

图 23-5　望江南的花

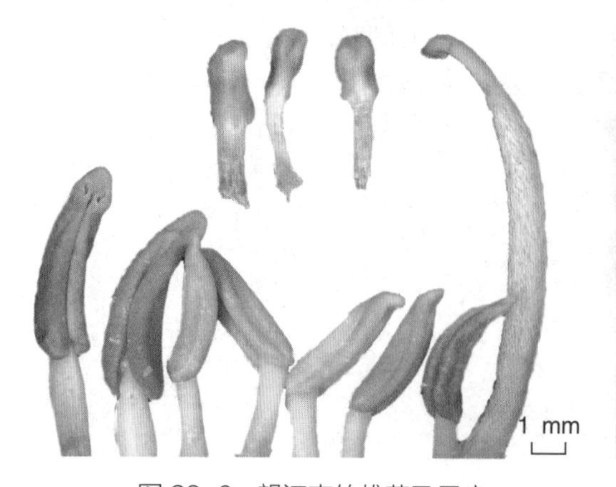

图 23-6　望江南的雄蕊及子房

图 23-7　望江南的果实

面中央有凹陷。边缘有的有白色网纹，先端有一短尖突起，形似鸟喙，其内侧有点状种脐。质地坚硬，除去种皮后可见灰白色胚乳与2片黄色的子叶（图23-8、图23-9、图23-10）。

【种子萌发特性】望江南种子发芽温度在15~35℃之间，最适发芽温度是30℃，4天发芽率为83.3%。5%的聚乙二醇处理望江南种子可以提高发芽率。

【种子储藏要求】正常型，常温，通风干燥处贮存。

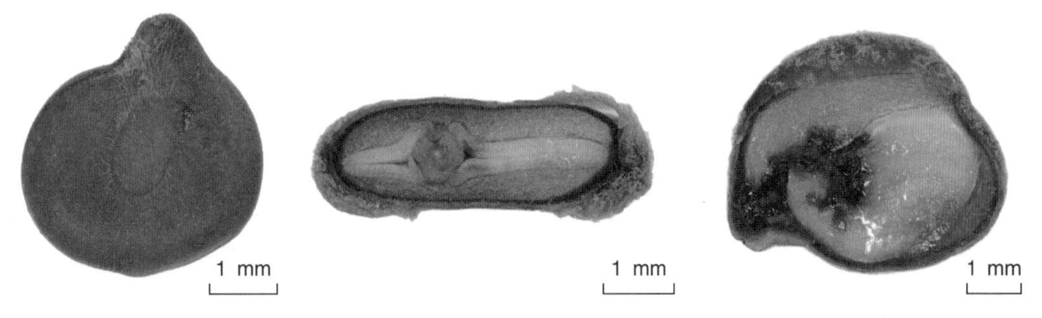

图23-8　望江南的种子　　图23-9　望江南的种子横切面　　图23-10　望江南的种子纵切面

24. 石竹

【别名】瞿麦、十样景花、洛阳花。

【来源】石竹科多年生草本植物石竹 *Dianthus chinensis* L.。

【产地】全国各地均产。

【功能主治】石竹地上部分入药称瞿麦，具有利尿通淋，破血通经的功效。用于热淋，血淋，石淋，小便不通，淋沥涩痛，月经闭止。

【植物形态】茎由根颈生出，疏丛生，直立，上部分枝（图 24–1）。叶片线状披针形，长 3~5 cm，宽 2~4 mm，顶端渐尖，基部稍狭，全缘或有细小齿，中脉较显，花单生枝端或数花集成聚伞花序（图 24–2）；花梗长 1~3 cm；苞片 4，卵形，顶端长渐尖，长达花萼 1/2 以上，边缘膜质，有缘毛（图 24–3）；花萼圆筒形，长 15~25 mm，直径 4~5 mm，有纵条纹，萼齿披针形，长约 5 mm，直伸，顶端尖，有缘毛（图 24–4）；花瓣长 16~18 mm，瓣片倒卵状三角形，长 13~15 mm，紫红色、粉红色、鲜红色或白色，顶缘不整齐齿裂，喉部有斑纹，疏生髯毛（图 24–5）；雄蕊露出喉部外，花药蓝色，花药着生方式为背着药，开裂方式为纵裂（图 24–6、图 24–7）；子房上位，长圆形，花柱线形（图 24–8）。

图 24–1　石竹

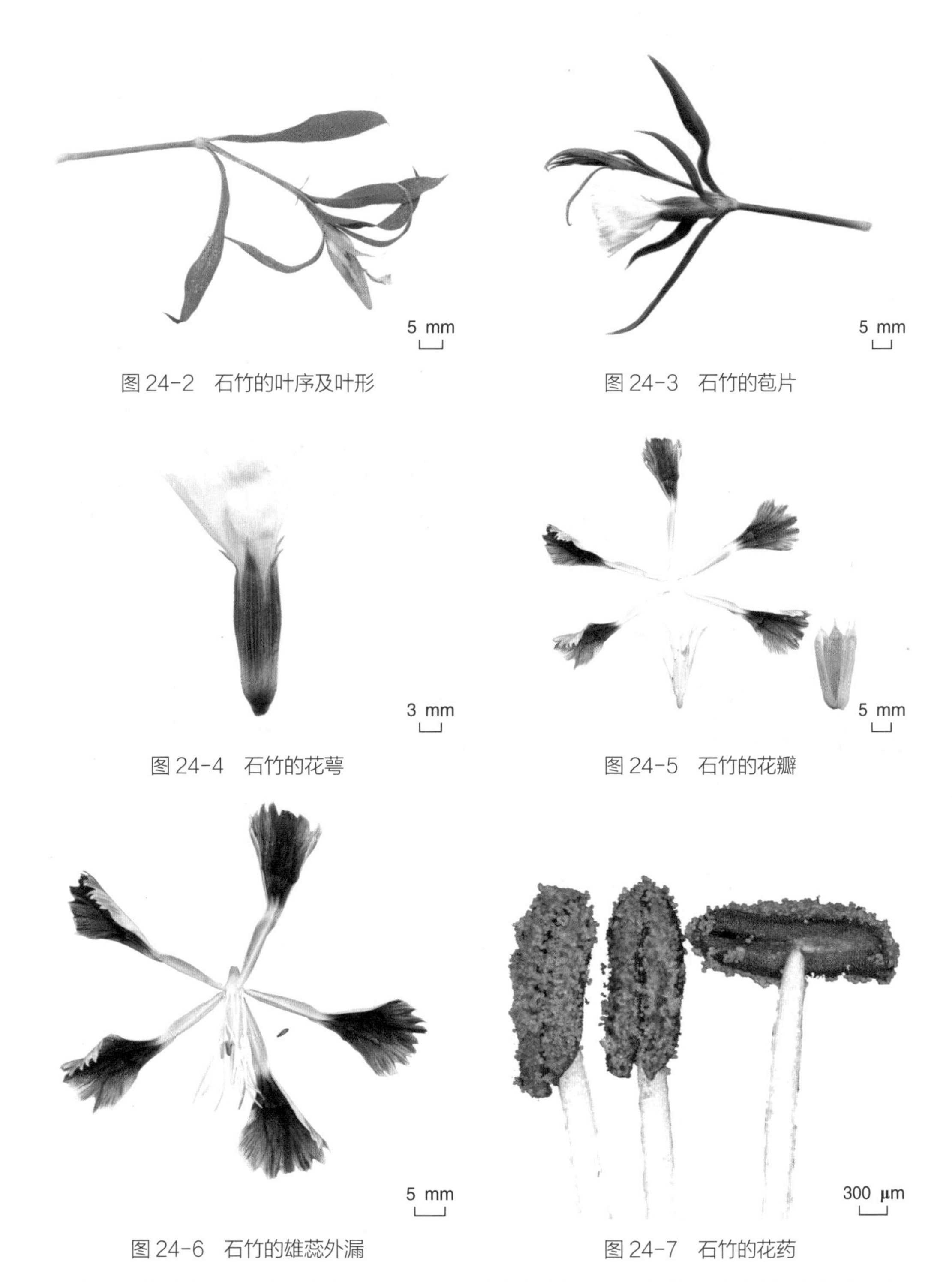

图 24-2　石竹的叶序及叶形

图 24-3　石竹的苞片

图 24-4　石竹的花萼

图 24-5　石竹的花瓣

图 24-6　石竹的雄蕊外漏

图 24-7　石竹的花药

【采收】 花期 4~6 月，果期 6~8 月。于秋季蒴果枯黄，顶端开裂小孔时及时采收，晒干，脱粒，筛去杂质。

【果实及种子形态】 蒴果，长圆形，包在宿存的萼内。种子多数。种子卵形，扁平，扭曲或皱褶（图 24–9）。长 2.5~3.6 mm，宽 1.7~2.7 mm，厚约 0.4 mm。表面黑色，密布点状或短线状的突起。背面中间具一花瓶状凹陷，不很明显。腹面有一鸡冠状纵棱通过种脐。种脐在腹面中央处（图 24-10、图 24-11、图 24-12）。

【种子萌发特性】石竹种子容易萌发，对于温度的要求不严格，适合种子发芽的温度为 15℃，对于光照、湿度、温度等要求都不是很严格。

【种子贮藏要求】放阴凉通风处干燥贮存。

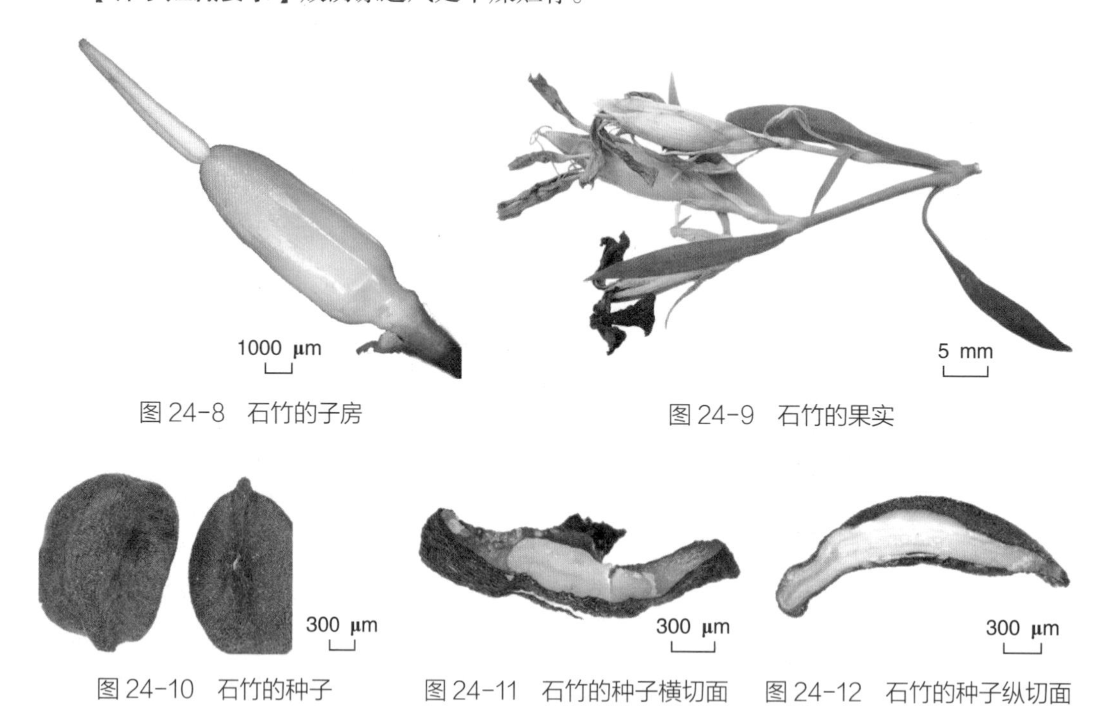

图 24-8　石竹的子房

图 24-9　石竹的果实

图 24-10　石竹的种子

图 24-11　石竹的种子横切面

图 24-12　石竹的种子纵切面

25. 山里红

【别名】北山楂、东山楂、山楂片。

【来源】蔷薇科木本植物山里红 *Crataegus pinnatifida* Bge. var. *major* N. E. Br. 。

【产地】主产于河北、山东、河南等地。

【功能主治】山里红成熟果实入药称山楂，具有消食健胃，行气散瘀，化浊降脂的功效。用于肉食积滞，胃脘胀满，泻痢腹痛，瘀血经闭，产后瘀阻，心腹刺痛，胸痹心痛，疝气疼痛，高脂血症。焦山楂消食导滞作用增强，用于肉食积滞，泻痢不爽。

【植物形态】落叶乔木，高达 6 m，树皮粗糙，暗灰色或灰褐色；刺长约 1~2 cm，有时无刺；小枝圆柱形，当年生枝紫褐色，无毛或近于无毛，疏生皮孔，老枝灰褐色；冬芽三角卵形，先端圆钝，无毛，紫色（图 25-1）。叶片宽卵形或三角状卵形，稀菱状卵形，长 5~10 cm，宽 4~7.5 cm，先端短渐尖，基部截形至宽楔形，通常两侧各有 3~5 羽状深裂片，裂片卵状披针形或带形，先端短渐尖，边缘有尖锐稀疏不规则重锯齿，上面暗绿色有光泽，下面沿叶脉疏生短柔毛或在脉腋有髯毛，侧脉 6~10 对，有的达到裂片先端，有的达到裂片分裂处；叶柄长 2~6 cm，无毛；托叶草质，镰形，边缘有锯齿。伞房花序具多花，直径 4~6 cm，总花梗和花梗均被柔毛，花后脱落，减少，花梗

图 25-1　山里红

长 4~7 mm（图 25–2）；苞片膜质，线状披针形，长约 6~8 mm，先端渐尖，边缘具腺齿，早落；花直径约 1.5 cm；萼筒钟状，长 4~5 mm，外面密被灰白色柔毛（图 25–3）；萼片三角卵形至披针形，先端渐尖，全缘，约与萼筒等长，内外两面均无毛，或在内面顶端有髯毛（图 25–4）；花瓣倒卵形或近圆形，长 7~8 mm，宽 5~6 mm，白色；雄蕊 20，短于花瓣，花药粉红色，花药着生方式为背着药，纵裂（图 25–5）；花柱 3~5，基部被柔毛，柱头头状（图 25–6）。

【采收】花期 5~6 月，果期 9~10 月。待果实变红时采摘，取出果肉，晒干，除净杂质。

【果实及种子形态】果实近球形或梨形，直径 1~1.5 cm，深红色，有浅色斑点（图 25–7）；种子 3~5，外面稍具棱，内面两侧平滑（图 25–8、图 25–9、图 25–10）；萼片脱落很迟，先端留一圆形深洼。

【种子萌发特性】山楂种子具有休眠性，山楂种子坚硬，种壳较厚，种皮和种胚均

图 25–2　山里红的叶及花序

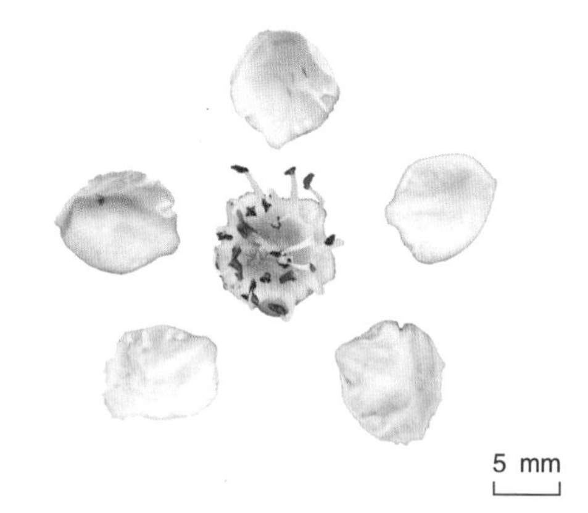

图 25–3　山里红的花

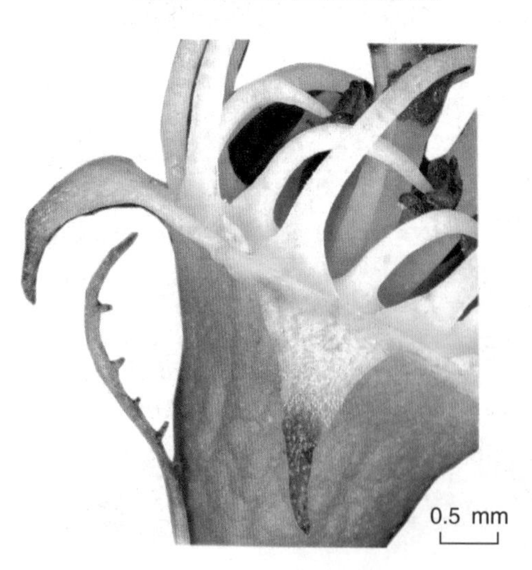

图 25–4　山里红的苞片及花萼

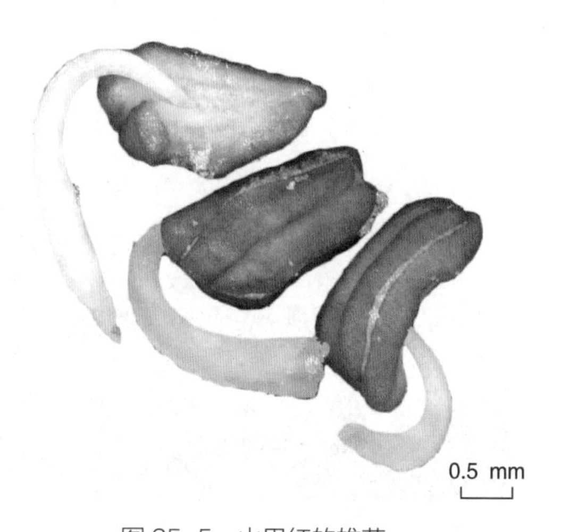

图 25–5　山里红的雄蕊

有发芽抑制物，影响种子的萌发。一定时期的冷藏处理可以打破种子的休眠，促进种子的萌发。浓硫酸腐蚀种壳可以使种壳均匀地变薄，种孔堵塞物消除，透气透水性增加，有利于种子的萌发。也可以采用物理方法，促使种壳开裂或者取出种壳，从而打破种子的休眠，促进种子的萌发。

【种子贮藏要求】正常型，室温通风、干燥储存。

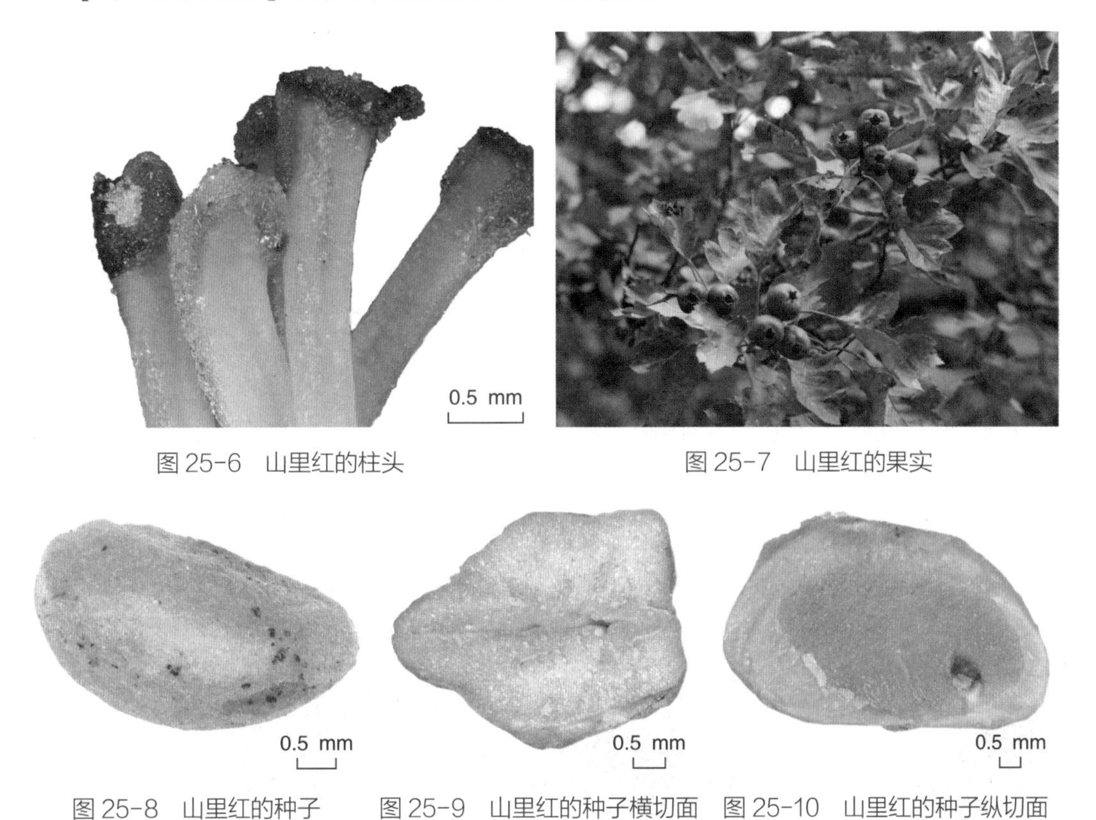

图 25-6　山里红的柱头

图 25-7　山里红的果实

图 25-8　山里红的种子

图 25-9　山里红的种子横切面

图 25-10　山里红的种子纵切面

26．圆叶牵牛与裂叶牵牛

【别名】牵牛花、喇叭花。

【来源】旋花科一年生缠绕藤本植物圆叶牵牛 *Pharbitis purpurea*（L.）Voigt 或裂叶牵牛 *Pharbitis nil*（L.）Choisy。

【产地】全国各地均产。

【功能主治】圆叶牵牛和裂叶牵牛的种子入药称牵牛子，具有泻水通便，消痰涤饮，杀虫攻积的功效。用于水肿胀满，二便不通，痰饮积聚，气逆喘咳，虫积腹痛。

【植物形态】圆叶牵牛：茎上被倒向的短柔毛杂有倒向或开展的长硬毛，叶圆心形或宽卵状心形，长 4~18 cm，宽 3.5~16.5 cm，基部圆，心形，顶端锐尖、骤尖或渐尖，通常全缘，偶有 3 裂，两面疏或密被刚伏毛；叶柄长 2~12 cm，毛被与茎同（图 26–1）。花腋生，单一或 2~5 朵着生于花序梗顶端成伞形聚伞花序，花序梗比叶柄短或近等长，长 4~12 cm，毛被与茎相同（图 26–2）；苞片线形，长 6~7 mm，被开展的长硬毛；花梗长 1.2~1.5 cm，被倒向短柔毛及长硬毛；萼片近等长，长 1.1~1.6 cm，外面 3 片长椭圆形，渐尖，内面 2 片线状披针形，外面均被开展的硬毛，基部更密（图 26–3）；花冠

图 26–1　圆叶牵牛

漏斗状，长 4~6 cm，紫红色、红色或白色，花冠管通常白色，瓣中带于内面色深，外面色淡（图 26-4）；雄蕊与花柱内藏；雄蕊不等长，花药着生方式为基着药，花丝基部被柔毛（图 26-5、图 26-6）；子房无毛，3 室，每室 2 胚珠，柱头头状；花盘环状（图 26-7、图 26-8）。

图 26-2　圆叶牵牛的花序

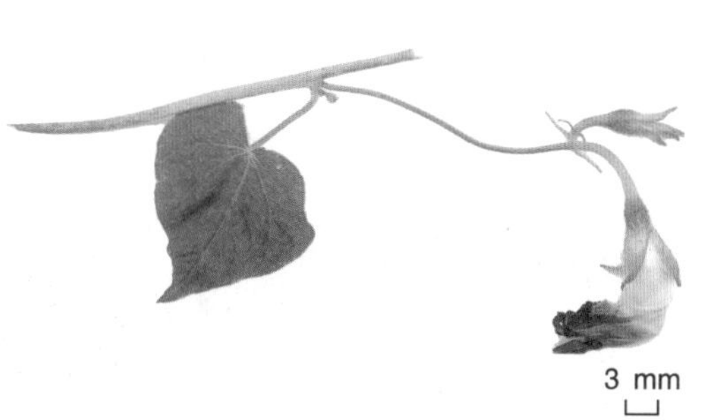

图 26-3　圆叶牵牛的苞片及花萼

图 26-4　圆叶牵牛的花

图 26-5　圆叶牵牛的花药

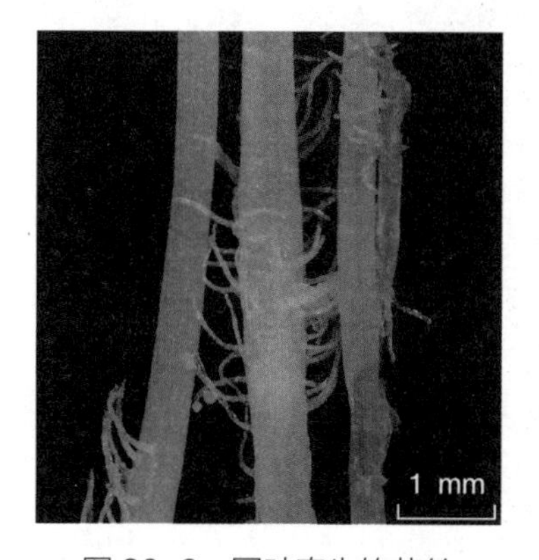

图 26-6　圆叶牵牛的花丝

图 26-7　圆叶牵牛的子房

图 26-8　圆叶牵牛的花柱

裂叶牵牛：茎上被倒向的短柔毛及杂有倒向或开展的长硬毛，叶宽卵形或近圆形，深或浅的 3 裂，偶 5 裂，长 4~15 cm，宽 4.5~14 cm，基部圆，心形，中裂片长圆形或卵圆形，渐尖或骤尖，侧裂片较短，三角形，裂口锐或圆，叶面或疏或密被微硬的柔毛；叶柄长 2~15 cm，毛被同茎（图 26–9）。花腋生，单一或通常 2 朵着生于花序梗顶，花序梗长短不一，长 1.5~18.5 cm，通常短于叶柄，有时较长，毛被同茎（图 26–10）；苞片线形或叶状，被开展的微硬毛；花梗长 2~7 mm；小苞片线形；萼片近等长，长 2~2.5 cm，披针状线形，内面 2 片稍狭，外面被开展的刚毛，基部更密，有时也杂有短柔毛（图 26–11）；花冠漏斗状，长 5~8（~10）cm，蓝紫色或紫红色，花冠管色淡（图

图 26–9　裂叶牵牛

图 26–10　裂叶牵牛的花序

图 26–11　裂叶牵牛的苞片及萼片

26–12）；雄蕊及花柱内藏；雄蕊不等长；花丝基部被柔毛（图 26–5、图 26–6）；子房无毛，柱头头状（图 26–13、图 26–14）。

【采收】花期 7~10 月份，果期 9~10 月份。待果实成熟时采摘，晒干除去杂质，贮存。

【果实及种子形态】蒴果近球形，直径 0.8~1.3 cm，3 瓣裂（图 26–15）。种子橘瓣状，长 4~8 mm，宽 3~5 mm。表面灰黑色或淡黄白色，背面有一条浅纵沟，腹面棱线的下端有一点状种脐，微凹。质硬，横切面可见淡黄色或黄绿色皱缩折叠的子叶（图 26–16、图 26–17、图 26–18）

【种子萌发特性】牵牛种子易于萌发，土壤的 pH 值会对牵牛种子的萌发有影响，当 pH3~4 时，裂叶牵牛的种子萌发速度比较快，第 2 天就能达到最大萌发率，pH 值为

图 26–12　裂叶牵牛的花冠

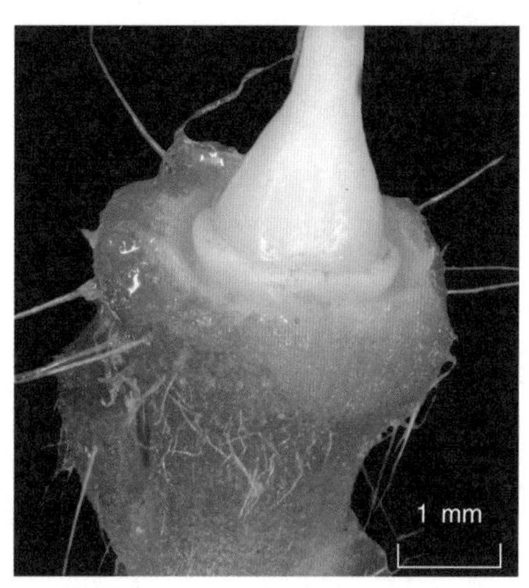

图 26–13　裂叶牵牛的子房

图 26–14　裂叶牵牛的花柱

图 26–15　牵牛的果实

4 时萌发率最大，随着 pH 值增加其萌发速度比较慢，弱酸性溶液可以提高牵牛种子的萌发率。

【种子贮藏要求】正常型，常温、干燥贮藏。

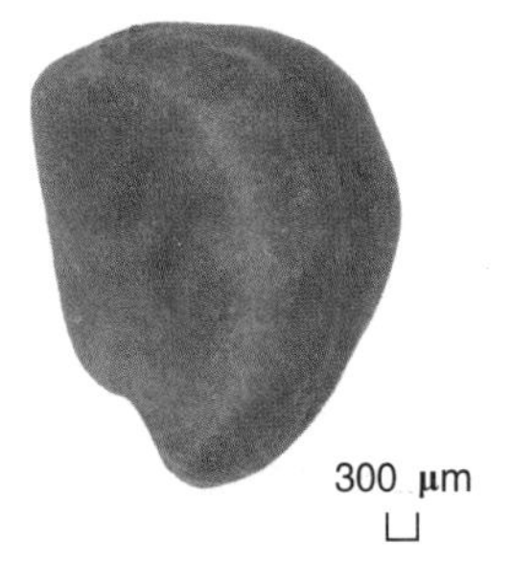

图 26-16　牵牛的种子

图 26-17　牵牛的种子横切面

图 26-18　牵牛的种子纵切面

27. 青葙

【别名】野鸡冠花、鸡冠花、百日红、狗尾草。

【来源】苋科一年生草本植物青葙 *Celosia argentea* L.。

【产地】全国各地均有。

【功能主治】青葙的种子入药称青葙子，具有清肝泻火，明目退翳的功效。用于肝热目赤，目生翳膜，视物昏花，肝火眩晕。

【植物形态】高 0.3~1 m，全体无毛；茎直立，有分枝，绿色或红色，具明显条纹（图 27–1）。叶片矩圆状披针形、披针形或披针状条形，少数卵状矩圆形，长 5~8 cm，宽 1~3 cm，绿色常带红色，顶端急尖或渐尖，具小芒尖，基部渐狭；叶柄长 2~15 mm，或无叶柄（图 27–2）。花多数，密生，在茎端或枝端成单一、无分枝的塔状或圆柱状穗状花序，长 3~10 cm；苞片及小苞片披针形，长 3~4 mm，白色，光亮，顶端渐尖，延长成细芒，具 1 中脉，在背部隆起；花被片矩圆状披针形，长 6~10 mm，初为白色顶端带红色，或全部粉红色，后成白色，顶端渐尖，具 1 中脉，在背面凸起（图 27–3）；花丝长 5~6 mm，分离部分长 2.5~3 mm，基部合生呈环状，花药着生方式为背着药，开裂方式为纵裂式；子房有短柄，花柱紫色，长 3~5 mm，柱头 2 裂（图 27–4）。

【采收】花期 5~8 月，果期 6~10 月。果实成熟时采割植株或摘取果穗，晒干，收集种子，除去杂质，储存。

图 27–1　青葙

【果实及种子形态】胞果卵形，长 3~3.5 mm，包裹在宿存花被片内（图 27–5）。种子呈扁圆形，少数呈圆肾形，直径 1~1.5 mm。表面黑色或红黑色，光亮，中间微隆起，侧边微凹处有种脐。种皮薄而脆（图 27–6、图 27–7、图 27–8）。

【种子萌发特性】青葙种子具有休眠性，种子保存时间越久越不容易萌发，其内可能存在内源性抑制物。适于青葙种子的萌发温度 30~35℃，在此温度下发芽率较高，发芽整齐度较好。光照会抑制青葙种子的萌发。赤霉素处理种子可以打破种子的休眠性，10 mg/L、50 mg/L、100 mg/L

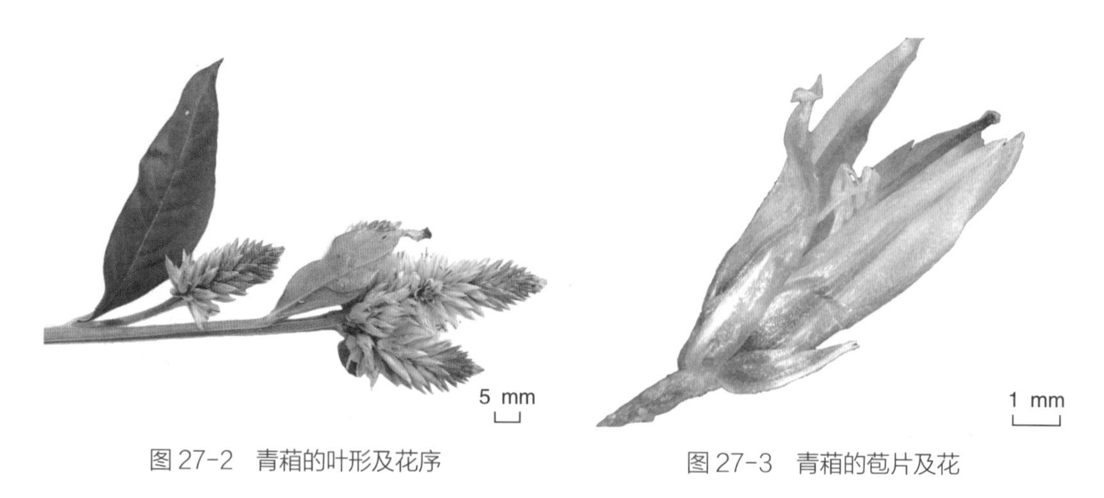

图 27-2　青葙的叶形及花序

图 27-3　青葙的苞片及花

图27-4　青葙的雄蕊、子房及花柱

图 27-5　青葙的果实

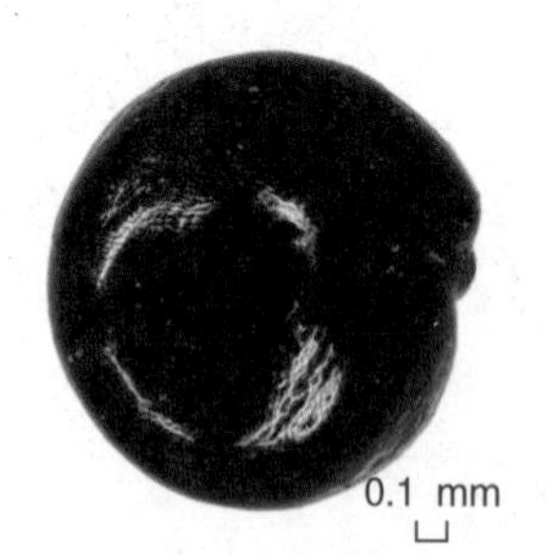

图 27-6　青葙的种子

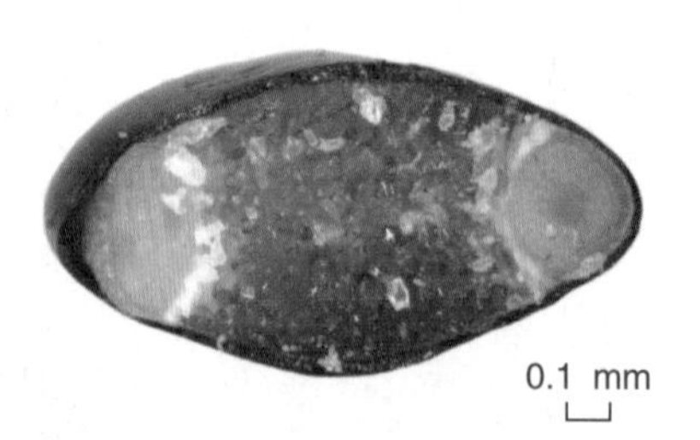

图 27-7　青葙的种子横切面

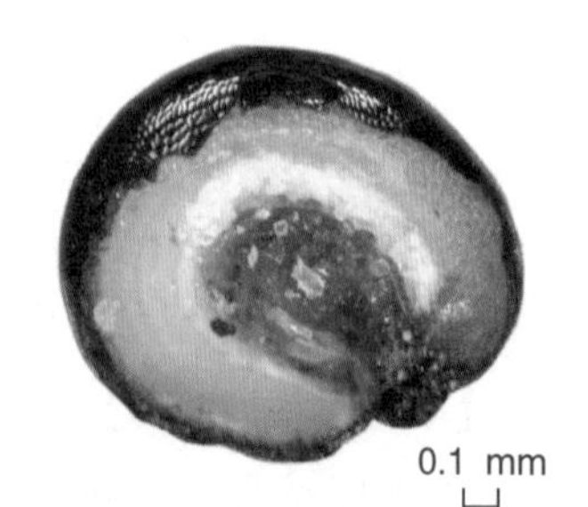

图 27-8　青葙的种子纵切面

的赤霉素均能提高青葙种子的发芽率和发芽势，并且当赤霉素的浓度在 50~100 mg/L 时能显著提高青葙种子的萌发。0.2%KNO_3 也可以显著提高青葙种子的发芽率和发芽势，并且效果比赤霉素好。

【种子储藏要求】正常型，置于通风干燥处储存。

28. 葱

【别名】大葱、葱白。

【来源】石蒜科一年生草本植物葱 *Allium fistulosum* L.。

【产地】全国各地皆产。

【功能主治】葱种子入药称葱实，具有温肾，明目，解毒的功效。用于肾虚阳痿，遗精，目眩，视物昏暗，疮痈。

【植物形态】鳞茎单生，圆柱状，稀为基部膨大的卵状圆柱形，粗 1~2 cm，有时可达 4.5 cm；鳞茎外皮白色，稀淡红褐色，膜质至薄革质，不破裂。叶圆筒状，中空，向顶端渐狭，约与花葶等长，粗在 0.5 cm 以上（图 28–1、图 28–2）。花葶圆柱状，中空，高 30~50 (~100) cm，中部以下膨大，向顶端渐狭，约在 1/3 以下被叶鞘；总苞膜质，2 裂；伞形花序球状，多花，较疏散（图 28–3）；小花梗纤细，与花被片等长，或为其 2~3 倍长，基部无小苞片；花白色；花被片长 6~8.5 mm，近卵形，花被 6，先端渐尖，具反折的尖头，外轮的稍短；雄蕊 6，花丝为花被片长度的 1.5~2 倍，锥形，在基部合生并与花被片贴生（图 28–4），花药着生方式为基着药（图 28–5）；子房倒卵状，腹缝线基部具不明显的蜜穴；花柱细长，伸出花被外（图 28–6）。

图 28-1 葱

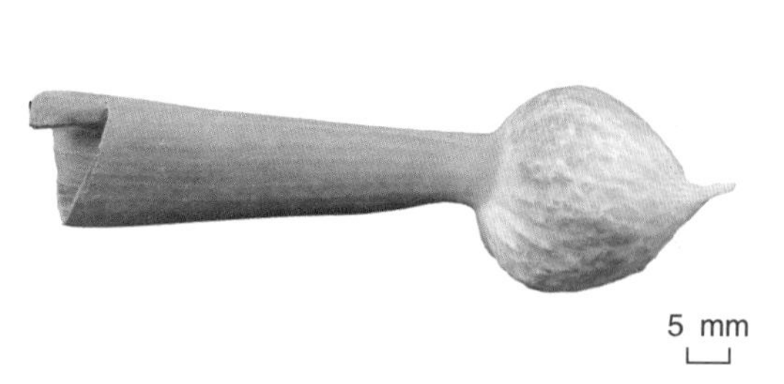

图 28-2　葱的叶及花序

图 28-3　葱的花序

图 28-4　葱的小花

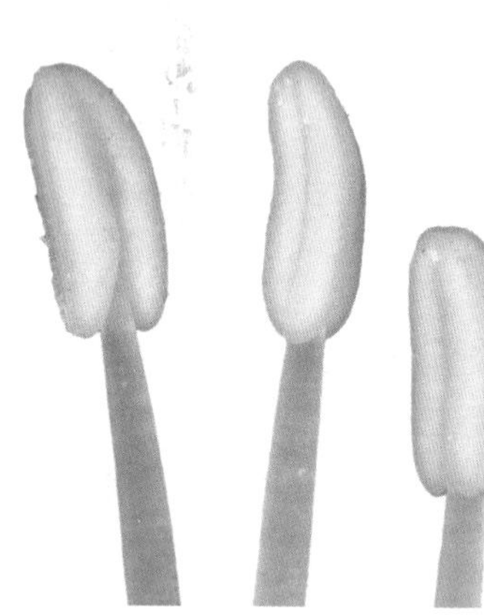

图 28-5　葱的花药及花丝

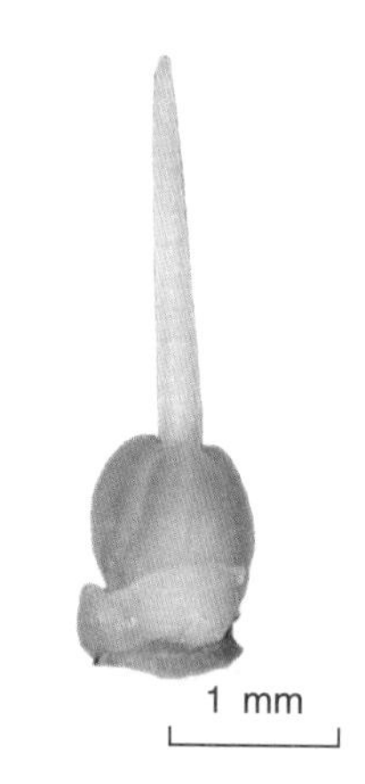

图 28-6　葱的花柱及子房

【采收】花期 7~9 月，果期 8~10 月。夏、秋季采收成熟果实，晒干，搓取种子，簸去杂质。

【果实及种子形态】蒴果，球形，上常有花被残留（图 28-7），种子多数，黑色。种子类三角状卵形，长 2.6~3.6 mm，宽 1.8~2.6 mm，厚 1 mm，表皮黑色，呈微细颗粒状，微皱，基部稍偏，有一小凹缺，白色，种脐位于凹缺处一侧，另一侧为种孔（图 28-8）。顶端钝。一侧稍凹入，另一侧凸起成弓形，胚乳白色，半透明。胚卷曲，白色，子叶一枚（图 28-9、图 28-10）。

图 28-7　葱的果序

【种子萌发特性】葱籽容易发芽，15℃下 4 天开始发芽，8 天的发芽率为 50%。30℃下 4 天开始发芽，14 天发芽率才打到 50%；20~25℃发芽率也不如 15℃

发芽率高。葱的最适发芽温度为 15℃。

【种子贮藏要求】种子贮存于牛皮纸袋子中，放置与干燥阴凉处。

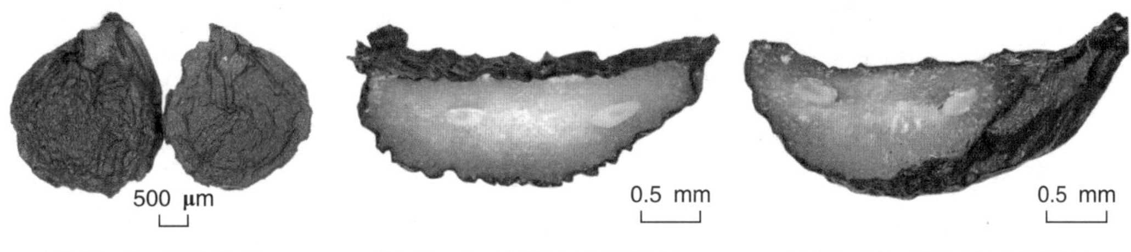

图 28-8　葱的种子　图 28-9　葱的种子横切面　图 28-10　葱的种子纵切面

29. 独行菜

【别名】腺独行菜、腺茎独行菜。

【来源】十字花科一年生或二年生草本植物独行菜 *Lepidium apetalum* Willd. 。

【产地】主产于河北、北京、内蒙古等地。野生资源丰富。

【功能主治】独行菜的种子入药称北葶苈子，具有泻肺平喘，行水消肿的功效。用于痰涎壅肺，喘咳痰多，胸胁胀满，不得平卧，胸腹水肿，小便不利。

【植物形态】高 5~30 cm；茎直立，有分枝，无毛或具微小头状毛（图 29–1）。基生叶窄匙形，一回羽状浅裂或深裂，长 3~5 cm，宽 1~1.5 cm；叶柄长 1~2 cm；茎上部叶线形，有疏齿或全缘（图 29–2）。总状花序在果期可延长至 5 cm；萼片早落，卵形，长约 0.8 mm，外面有柔毛；花瓣不存或退化成丝状，比萼片短（图 29–3）；雄蕊 2 或 4，花药短、钝，子房上位，2 室，柱头头状浅 2 裂（图 29–4）。

【采收】花期、果期 5~7 月。夏、秋季果实成熟转黄时，采收全株，晒干，打下种子，清除杂质、灰屑等。

【果实及种子形态】短角果近圆形或宽椭圆形，扁平，长 2~3 mm，宽约 2 mm，顶端微缺，上部有短翅，隔膜宽不到 1 mm；果梗弧形，长约 3 mm（图 29–5）。种子扁卵

图 29–1　独行菜

图 29-2　独行菜的叶形及叶序

图 29-3　独行菜的花序

图 29-4　独行菜的花

图 29-5　独行菜的果实

形，长 1~1.5 mm，宽 0.5~1 mm。一端钝圆，另端尖而微凹，种脐位于凹入端。表面棕色或红棕色，微有光泽，具纵沟 2 条（图 29-6、图 29-7、图 29-8）。

【种子萌发特性】独行菜种子对光不敏感，种子的适宜萌法温度为 10~25℃，在低温下（0℃，4℃）则不萌发。

【种子储藏要求】正常型，置于室温、通风、干燥处储存。

图 29-6　独行菜的种子

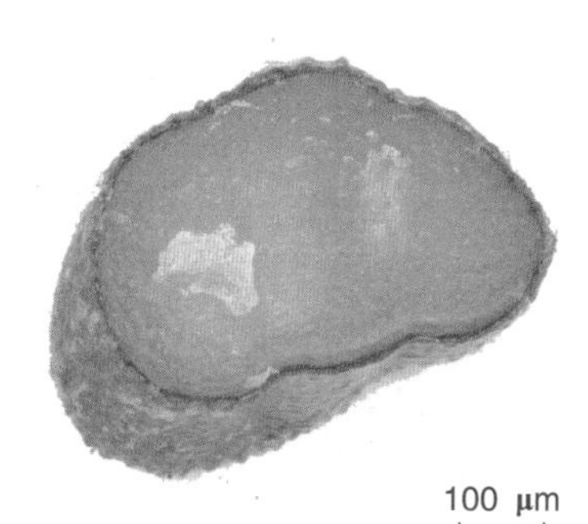

图 29-7　独行菜的种子横切面

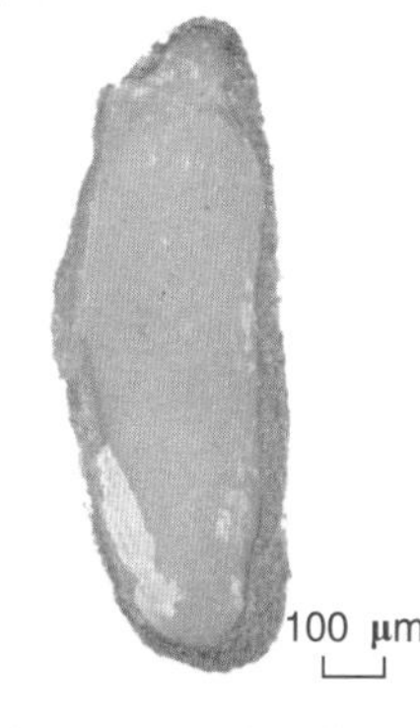

图 29-8　独行菜的种子纵切面

30．菟丝子与南方菟丝子

【别名】菟实子、吐丝子、缠龙子、豆须子、无根藤。

【来源】旋花科一年生寄生草本植物菟丝子 *Cuscuta chinensis* Lam. 或南方菟丝子 *Cuscuta australis* R. Br. 。

【产地】主产于河北、山东、山西、陕西、江苏、吉林、黑龙江、辽宁、内蒙古、云南等地。

【功能主治】菟丝子和南方菟丝子种子入药称菟丝子，具有补益肝肾，固精缩尿，安胎，明目，止泻的功效；外用消风祛斑。用于肝肾不足，腰膝酸软，阳痿遗精，遗尿尿频，肾虚胎漏，胎动不安，目昏耳鸣，脾肾虚泻；外治白癜风。

【植物形态】菟丝子：茎缠绕，黄色，纤细，直径约 1 mm，无叶。花序侧生，少花或多花簇生成小伞形或小团伞花序，近于无总花序梗（图 30–1）；苞片及小苞片小，鳞片状；花梗稍粗壮，长仅约 1 mm；花萼杯状，中部以下连合，裂片三角状，长约 1.5 mm，顶端钝（图 30–2）；花冠白色，壶形，长约 3 mm，裂片三角状卵形，顶端锐尖或钝，向外反折，宿存；雄蕊着生花冠裂片弯缺微下处；鳞片长圆形，边缘长流苏状（图 30–3）；子房近球形，花柱 2，等长或不等长，柱头球形（图 30–4）。

图 30–1　菟丝子的茎及花序

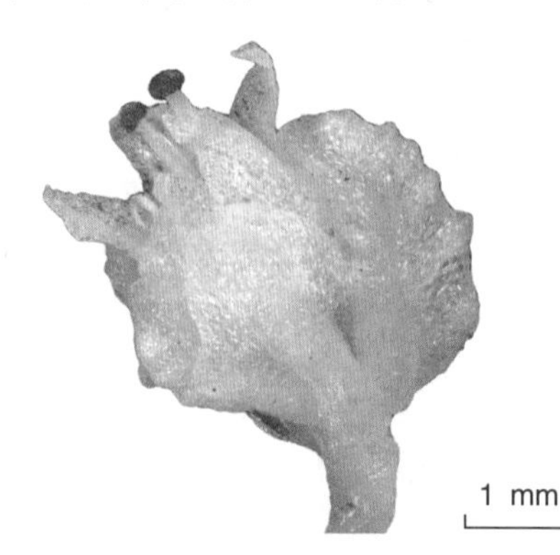

图 30–2　菟丝子的花萼

图 30–3　菟丝子的花冠

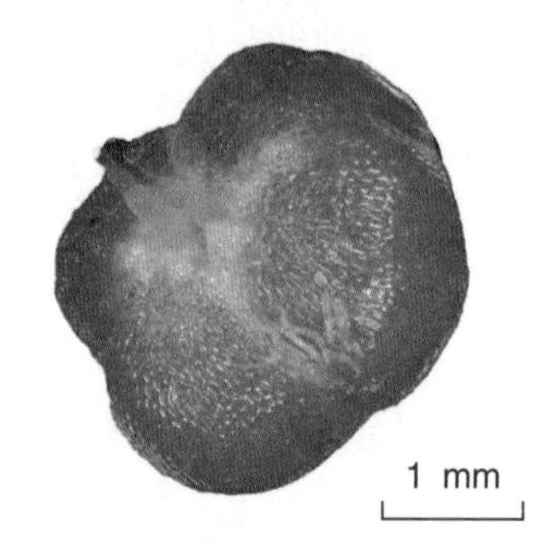

图 30–4　菟丝子的子房及花柱

南方菟丝子：茎缠绕，金黄色，纤细，直径约 1 mm，无叶。花序侧生，少花或多花簇生成小伞形或小团伞花序，总花序梗近无（图 30–5）；苞片及小苞片均小，鳞片状；花梗稍粗壮，长 1~2.5 mm；花萼杯状，基部连合，裂片 3~4（~5），长圆形或近圆形，通常不等大，长约 0.8~1.8 mm，顶端圆（图 30–6）；花冠乳白色或淡黄色，杯状，长约 2 mm，裂片卵形或长圆形，顶端圆，约与花冠管近等长，直立，宿存（图 30–7、图 30–8）；雄蕊着生于花冠裂片弯缺处，比花冠裂片稍短；鳞片小，边缘短流苏状（图 30–9）；子房扁球形，花柱 2，等长或稍不等长，柱头球形（图 30–10）。蒴果扁球形，直径 3~4 mm，下半部为宿存花冠所包，成熟时不规则开裂，不为周裂。

【采收】秋季果实成熟时将寄主和菟丝子植株一同采收，晒干，打下种子，除去杂质。

【果实及种子形态】蒴果球形，直径约 3 mm，几乎全为宿存的花冠所包围，成熟时

图 30–5　南方菟丝子的茎及花序

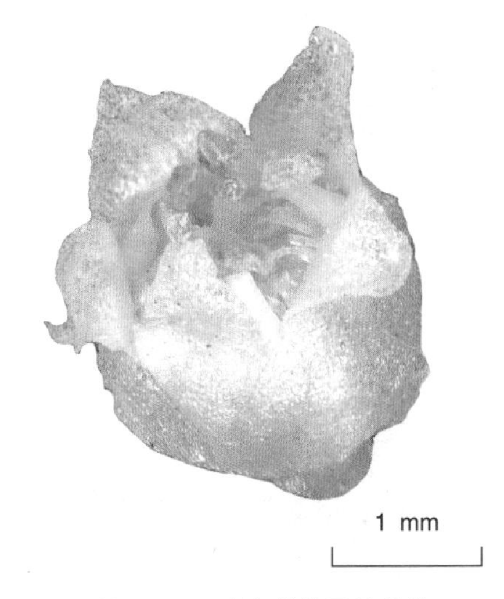

图 30–6　南方菟丝子的花萼

图 30–7　南方菟丝子的杯状花冠

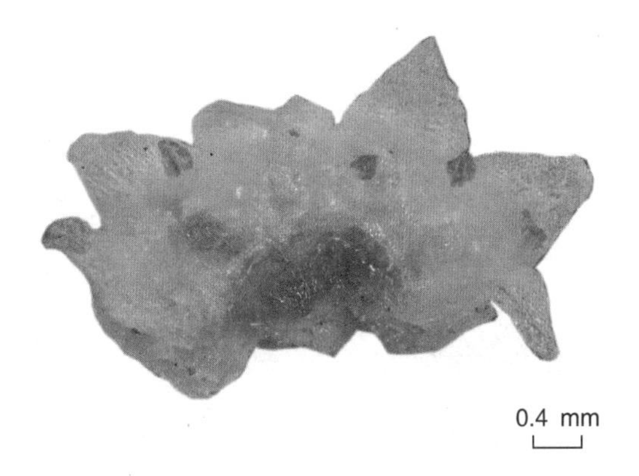

图 30–8　南方菟丝子的花冠裂片及花冠

整齐的周裂（图 30–11、图 30–12）。种子类球形或卵圆形，长 1.5 mm，短茎约 1 mm，表面灰棕色或灰黄色，不平，微有凹陷，在放大镜下看表面有细密的深色小点而成网状皱纹，一端有淡色圆点，其中央有线形种脐，沸水煮之后种皮破裂，露出黄白色卷须胚（图 30–13、图 30–14、图 30–15、图 30–16）。

【种子萌发特性】菟丝子种子具有休眠性，在其采收后 30 天就会产生休眠性。种子的成熟程度对种子的发芽率有很大的影响，菟丝子种仁刚成熟时不具有发芽能力。种

图 30–9　南方菟丝子的雄蕊及鳞片

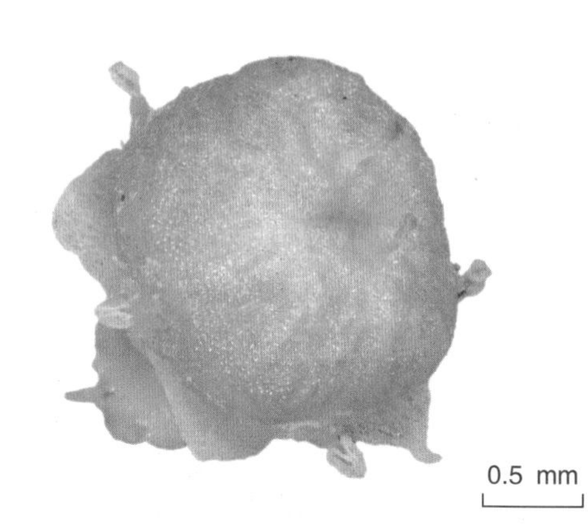

图 30–10　南方菟丝子的子房

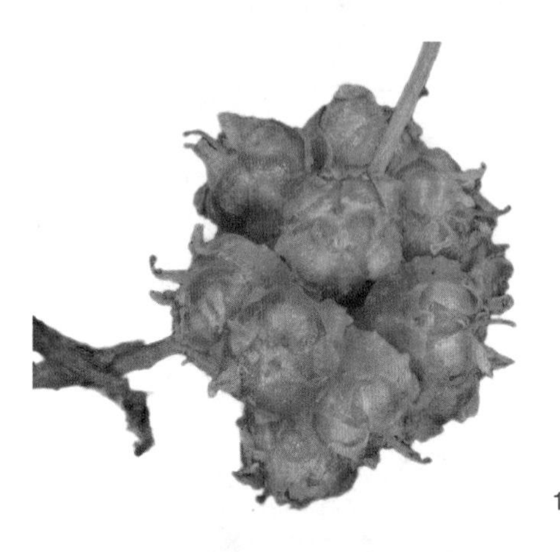

图 30–11　菟丝子的果实

图 30–12　南方菟丝子的果实

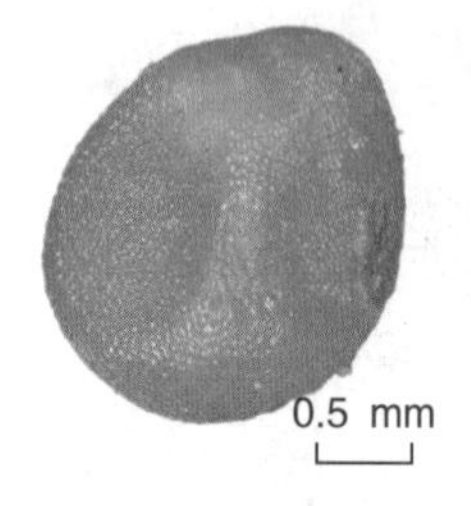

图 30–13　菟丝子的种子

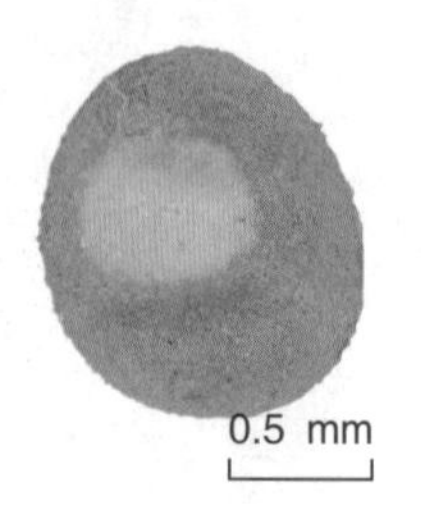

图 30–14　南方菟丝子的种子

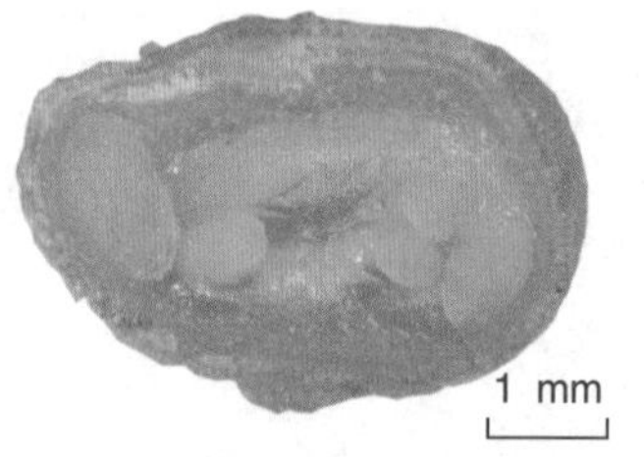

图 30–15　菟丝子的种子横切面

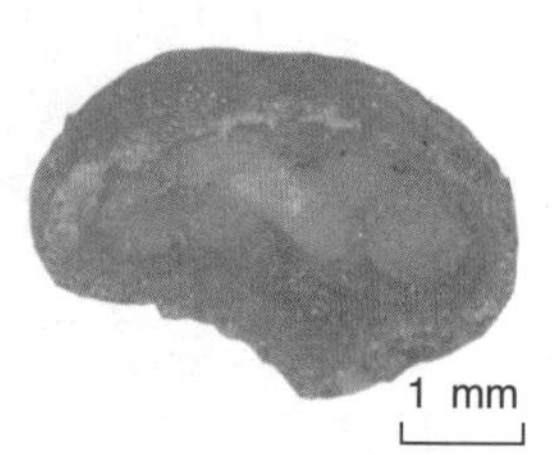

图 30–16　南方菟丝子的种子纵切面

子越成熟，发芽率、发芽势越呈上升趋势，采收后 5~15 天发芽达到最高。之后种子就会进入休眠期，发芽率降低。一定时间的低温储藏有利于解除种子的休眠性，也是打破菟丝子发芽的必要条件。在 10℃低温贮藏下，以 40 天、50 天的贮藏种子的发芽率及发芽趋势增高，发芽率分别为 66.9%、62.7%，发芽势分别为 57.1%、55.1%。10℃砂藏贮藏相比 10℃冷藏的发芽率和发芽势低。10℃砂藏 30 天发芽率为 38.4%，发芽势为 30.5%；10℃砂藏 40 天发芽率为 41.9%，发芽势为 29.85%。低温贮藏时间以 30~40 天为宜。

【种子贮藏要求】置阴凉、通风、干燥处保存。

31．茜草

【别名】大茜草、锯锯藤、血藤、血见愁、红茜草。

【来源】茜草科多年生植物茜草 *Rubia cordifolia* L.。

【产地】主产于陕西、河南、河北、安徽，湖北、江苏、浙江、江西、辽宁等地也有生产。

【功能主治】茜草的根和根茎入药称茜草，具有凉血，祛瘀，止血，通经的功效。用于吐血，衄血，崩漏，外伤出血，瘀阻经闭，关节痹痛，跌扑肿痛。

【植物形态】草质攀援藤木。茎数条至多条，从根状茎的节上发出，细长，方柱形，有 4 棱，棱上生倒生皮刺，中部以上多分枝（图 31–1）。叶通常 4 片轮生，纸质，披针形或长圆状披针形，长 0.7~3.5 cm，顶端渐尖，有时钝尖，基部心形，边缘有齿状皮刺，两面粗糙，脉上有微小皮刺；基出脉 3 条，极少外侧有 1 对很小的基出脉。叶柄长通常 1~2.5 cm，有倒生皮刺（图 31–2、图 31–3）。聚伞花序腋生和顶生，多回分枝，有花 10 余朵至数十朵，花序和分枝均细瘦，有微小皮刺（图 31–4）；花冠淡黄色，干时淡褐色，盛开时花冠檐部直径 3~3.5 mm，花冠裂片近卵形，微伸展，长约 1.5 mm，

图 31–1　茜草

外面无毛，雄蕊与花冠裂片同数而互生，雌蕊 2 心皮，合生（图 31–5）。雌蕊由两心皮合生，子房下位（图 31–6）。

【采收】花期 8~9 月，果期 9~10 月。在 10 月份种子成熟后，割取果序，晒干贮藏。

【果实及种子形态】果球形，直径通常 4~5 mm，成熟时橘黄色（图 31–7）。种子扁

图 31-2　茜草的叶序

图 31-3　茜草的叶形

图 31-4　茜草的花序

图 31-5　茜草的花及雄蕊、雌蕊

图 31-6　茜草的子房

图 31-7　茜草的果实

球形，直径 3~ 4 mm，厚约 2.7 mm，黑色，背面圆形，腹面圆环形，中央凸现，表面平滑，无光泽，解剖镜下观察表面多皱纹，种脐在腹面凸现处，种孔位于侧面，圆形，乌白色，少有黑色，胚环形，白色（图 31-8、图 31-9、图 31-10）。

【种子萌发特性】茜草在播种前浸种 24 小时为宜，在此阶段随时间的增加其吸水率呈上升趋势。不同的温度处理茜草种子其发芽率不同，温度能够改变种子表面以及内部一些物质的化学性质，以此来影响种子的萌发率。茜草最适的发芽温度为 20℃，低于 15℃或者高于 25℃都会降低其萌发率。光照对茜草种子萌发几乎没有影响。

【种子贮藏要求】正常型，常温贮存。

图 31-8　茜草的种子

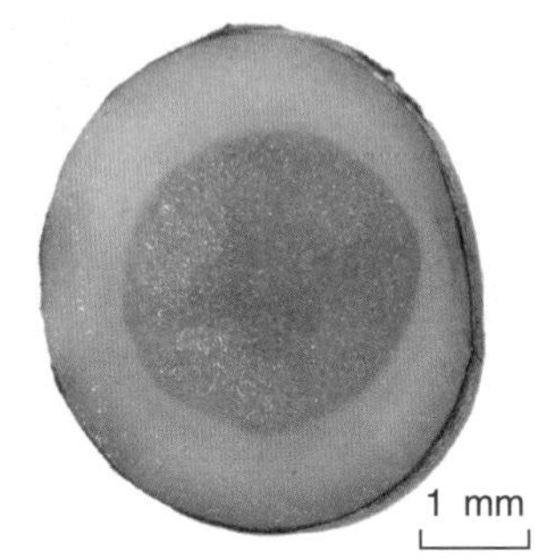

图 31-9　茜草的种子横切面

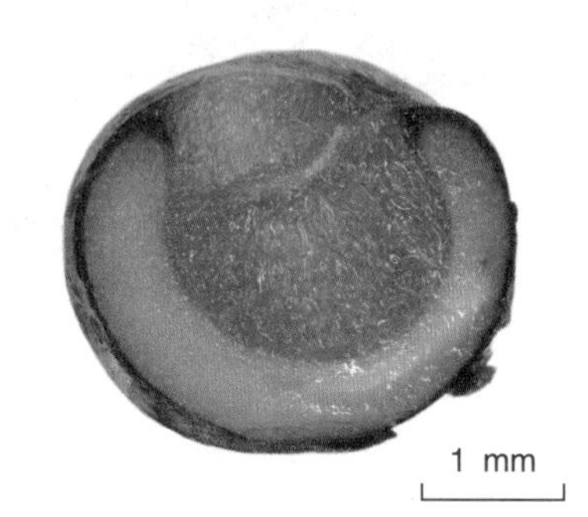

图 31-10　茜草的种子纵切面

32. 白花曼陀罗

【别名】闹羊花、狗核桃、洋金花。

【来源】茄科多年生草本植物白花曼陀罗 *Datura metel* L. 。

【产地】主产于江苏、河北、浙江、福建、广东等省。

【功能主治】白花曼陀罗的花入药称洋金花，具有平喘止咳，解痉定痛的功效。用于哮喘咳嗽，脘腹冷痛，风湿痹痛，小儿慢惊风；外科麻醉。

【植物形态】茎粗壮，圆柱状，淡绿色或带紫色，下部木质化（图 32–1）。叶广卵形，顶端渐尖，基部不对称楔形，边缘有不规则波状浅裂，裂片顶端急尖，有时亦有波状牙齿，侧脉每边 3~5 条，直达裂片顶端，长 8~17 cm，宽 4~12 cm；叶柄长 3~5 cm（图 32–2）。花单生于枝杈间或叶腋，直立，有短梗；花萼筒状，长 4~5 cm，筒部有 5 棱角，两棱间稍向内陷，基部稍膨大，顶端紧围花冠筒，5 浅裂，裂片三角形，花后自近基部断裂，宿存部分随果实而增大并向外反折（图 32–3）；花冠漏斗状，下半部带绿色，上部白色或淡紫色，檐部 5 浅裂，裂片有短尖头，长 6~10 cm，檐部直径 3~5 cm（图 32–4）；雄蕊 5，不伸出花冠，花丝长约 3 cm，花药长约 4 mm，花药着生方式为

图 32–1　白花曼陀罗

基着药（图 32-5、图 32-6）；子房上位，密生柔针毛，花柱长约 6 mm，柱头头状（图 32-7、图 32-8）。

【采收】花期 6~10 月，果期 7~11 月。待果实成熟时采摘，晒干，除去杂质，贮存。

图 32-2　白花曼陀罗的叶形

图 32-3　白花曼陀罗的花序及花萼

图 32-4　白花曼陀罗的花冠

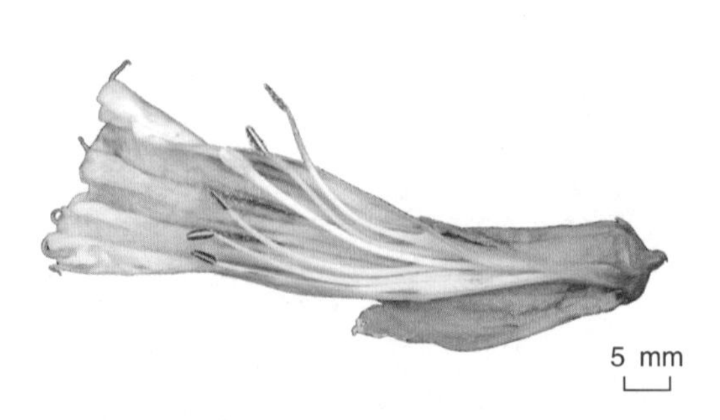

图 32-5　白花曼陀罗的雄蕊

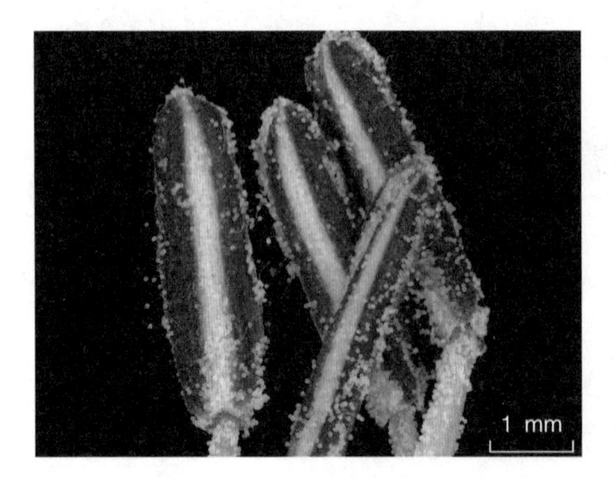

图 32-6　白花曼陀罗的花药

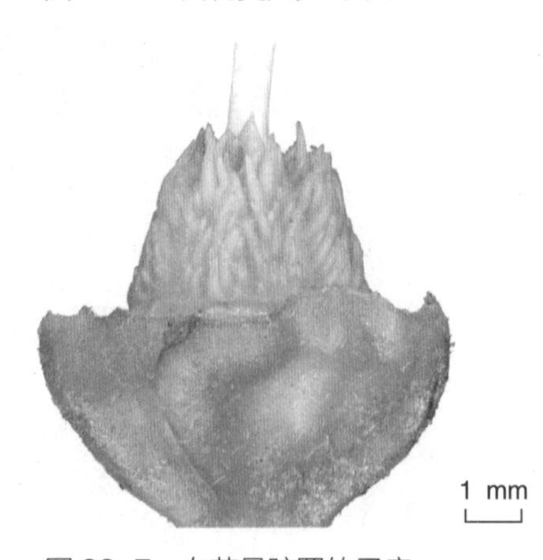

图 32-7　白花曼陀罗的子房

【**果实及种子形态**】蒴果卵球形直立，长 3~4 cm，具长短不等的坚硬短刺，果实成熟时，沿背、腹缝线均裂呈 4 半（图 32-9）。种子呈肾形至心形，稍扁，背面稍厚，向脐部一端渐薄，长 3~4 mm、宽 2.5~3 mm、厚 1~1.5 mm；黑色至黑褐色，表面凹凸不平，呈网状纹理，网壁厚，网眼小而浅；种脐长三角形至窄楔形；外皮坚硬，种仁灰白色，种子纵切面可见胚乳极弯，横切面可见培根及子叶呈圆形（图 32-10、图 32-11、图 32-12）。

【**种子萌发特性**】新采收的白花曼陀罗种子具有严重的休眠特性，其休眠属于综合休眠，硬实的外壳也是影响种子休眠的一个因素，其表面有一层致密的蜡状物，随着种子的成熟而增厚，阻碍种子吸水，从而影响种子的萌发。新采收的种子可经过机械摩擦或者剥除种皮的方法提高萌发率，经过该方法处理后种子的萌发率约为 32.5%；可用 NaOH 腐蚀种皮提高种子的吸水率，从而促进种子的萌发。新采收的剥去种皮的曼陀罗种子的发芽率为 42.0%，室温储藏 4 个月发芽率为 73.5%，储藏 6 个月发芽率为 87%，储藏 8 个月发芽率达到 93.0%，随着时间的推移种仁的休眠性可以自动解除。用适当的 H_2O_2 或者赤霉素处理也可以解除种子的休眠性。

【**种子贮藏要求**】正常型，常温贮藏。

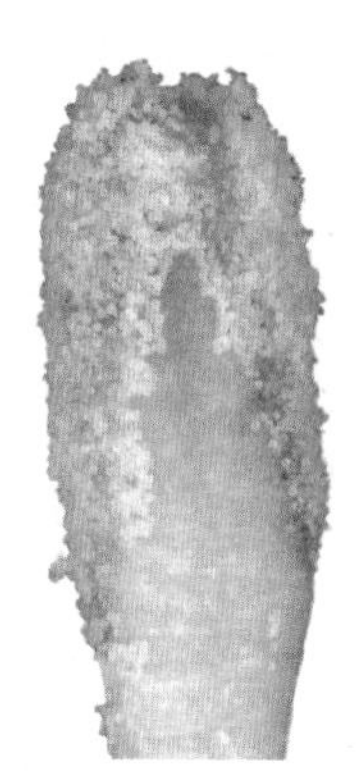

图 32-8　白花曼陀罗的花柱

图 32-9　白花曼陀罗的果实

图 32-10　白花曼陀罗的种子

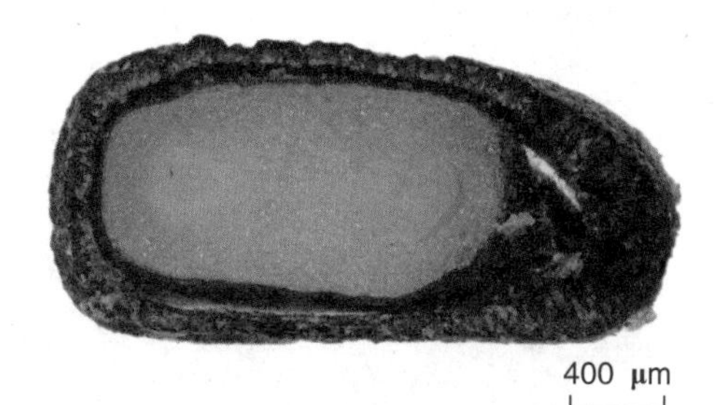

图 32-11　白花曼陀罗的种子横切面

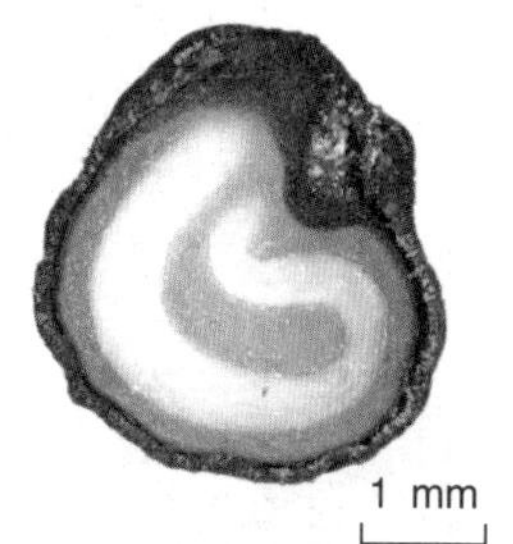

图 32-12　白花曼陀罗的种子纵切面

33. 鳢肠

【别名】旱莲草、墨斗草、黑墨草。

【来源】菊科一年生草本植物鳢肠 *Eclipta prostrata*（L.）L.。

【产地】主产于江苏、河北、浙江、安徽、江西、湖北、广东等省。

【功能主治】鳢肠的干燥地上部分入药称墨旱莲，具有滋补肝肾，凉血止血的功效。用于肝肾阴虚，牙齿松动，须发早白，眩晕耳鸣，腰膝酸软，阴虚血热吐血、衄血、尿血，血痢，崩漏下血，外伤出血。

【植物形态】茎直立，斜升或平卧，高达 60 cm，通常自基部分枝，被贴生糙毛（图 33–1）。叶长圆状披针形或披针形，无柄或有极短的柄，长 3~10 cm，宽 0.5~2.5 cm，顶端尖或渐尖，边缘有细锯齿或有时仅波状，两面被密硬糙毛（图 33–2）。头状花序径 6~8 mm，有长 2~4 cm 的细花序梗（图 33–3）；总苞球状钟形，总苞片绿色，草质，5~6 个排成 2 层，长圆形或长圆状披针形，外层较内层稍短，背面及边缘被白色短伏毛（图 33–4）；外围的雌花 2 层，舌状，长 2~3 mm，舌片短，顶端 2 浅裂或

图 33–1 鳢肠

全缘，中央的两性花多数，花冠管状，白色，长约 1.5 mm，顶端 4 齿裂；花柱分枝钝，有乳头状突起；花托凸，有披针形或线形的托片（图 33-5、图 33-6）。托片中部以上有微毛（图 33-7）。花柱上端两分裂（图 33-8）。

【**采收**】花期 6~9 月。秋季待多数呈暗褐色时采收，采收要及时，容易散落不易收集，晒干，除去杂质。

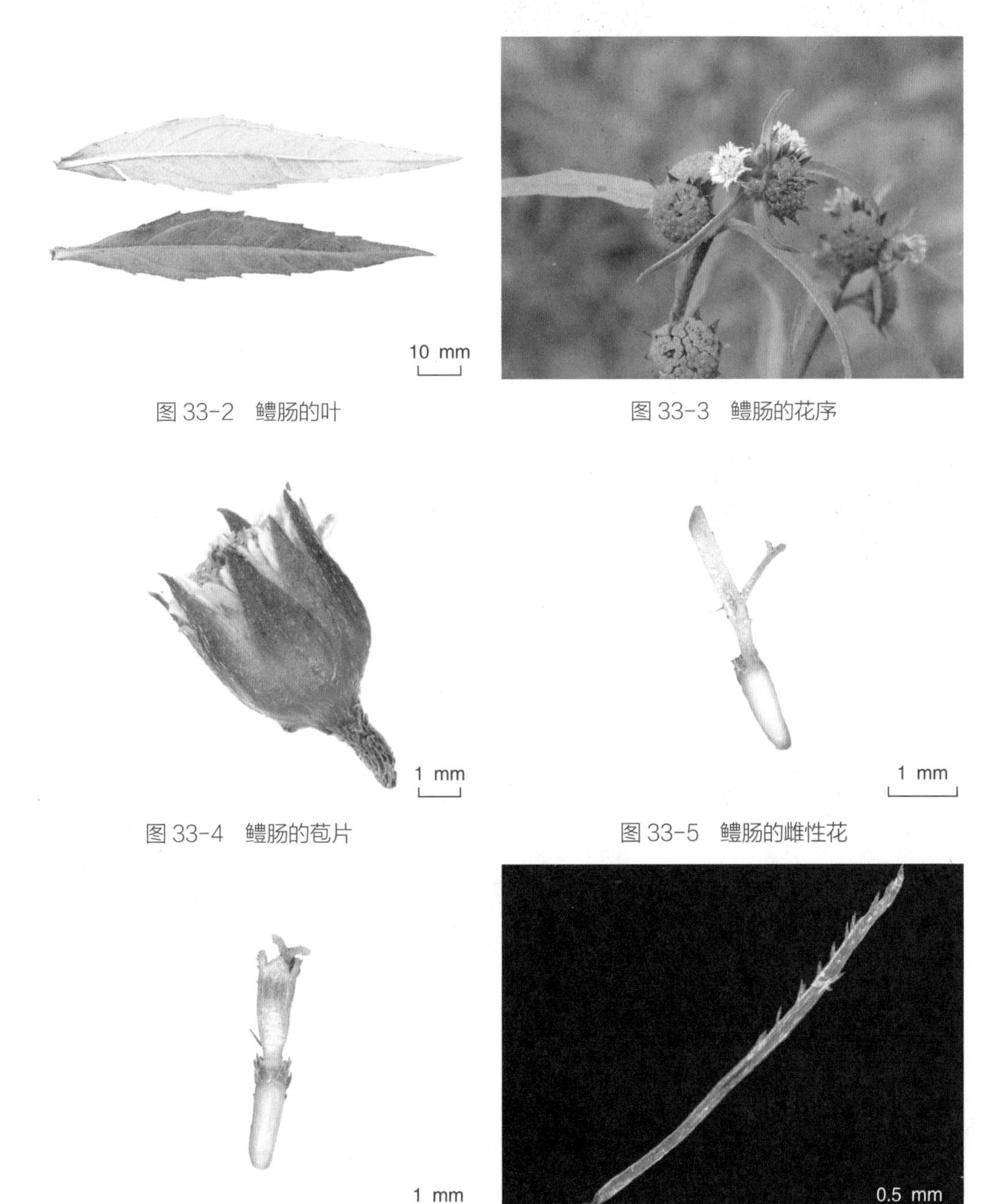

图 33-2　鳢肠的叶

图 33-3　鳢肠的花序

图 33-4　鳢肠的苞片

图 33-5　鳢肠的雌性花

图 33-6　鳢肠的两性花

图 33-7　鳢肠的托片

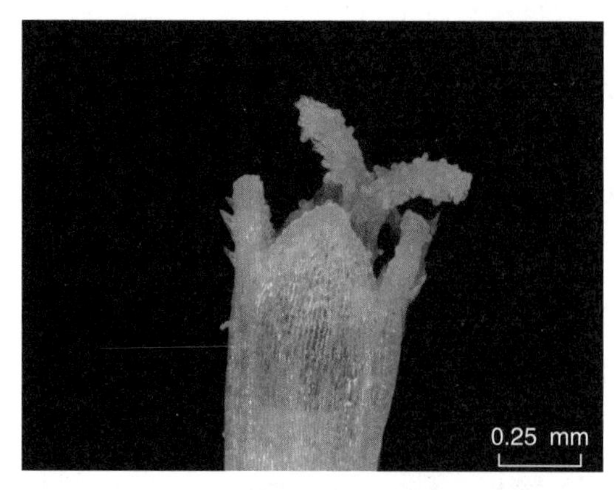

图 33-8　鳢肠的花柱

【果实及种子形态】瘦果暗褐色，长 2.8 mm，雌花的瘦果三棱形，两性花的瘦果扁四棱形，顶端截形，具 1~3 个细齿，基部稍缩小，边缘具白色的肋，表面有小瘤状突起，无毛（图 33-9~ 图 33-14）。种子黑色，具网状纹理，倒卵形，长约 1.5 mm 种子无胚乳，子叶 2。

【种子萌发特性】鳢肠种子在温度为 28℃，每天 16 小时的光照条件下发芽率最高。鳢肠种子适宜的发芽温度为 15~35℃，最适发芽温度为 15~25℃变温处理 10 天，发芽率为 81%。各种激素也能促进鳢肠种子的萌发，但是对其生长期有不同程度的抑制。

【种子储藏要求】正常型，置于通风干燥处储存。

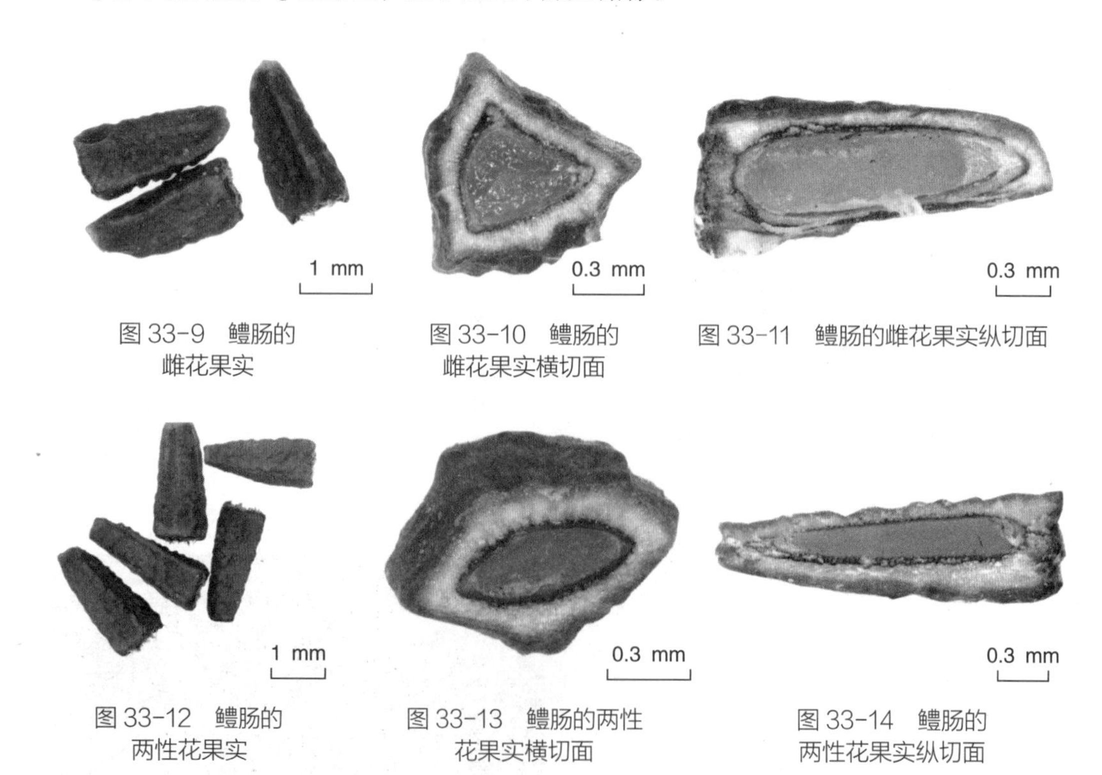

图 33-9　鳢肠的雌花果实

图 33-10　鳢肠的雌花果实横切面

图 33-11　鳢肠的雌花果实纵切面

图 33-12　鳢肠的两性花果实

图 33-13　鳢肠的两性花果实横切面

图 33-14　鳢肠的两性花果实纵切面

34. 凤仙花

【别名】指甲花、凤仙透骨草。

【来源】凤仙花科一年生草本植物凤仙花 *Impatiens balsamina* L.。

【产地】全国各地均产。

【功能主治】凤仙花的干燥成熟的种子入药称急性子，具有破血，软坚，消积的功效，用于癥瘕痞块，经闭，噎膈；凤仙花干燥茎入药称凤仙透骨草，具有祛风湿，活血，止痛的功效，可用于治疗风湿性关节痛，屈伸不利。

【植物形态】茎粗壮，肉质，直立，不分枝或有分枝，无毛或幼时被疏柔毛，基部直径可达 8 mm，具多数纤维状根，下部节常膨大（图 34–1）。叶互生，最下部叶有时对生（图 34–2）；叶片披针形、狭椭圆形或倒披针形，长 4~12 cm、宽 1.5~3 cm，先端尖或渐尖，基部楔形，边缘有锐锯齿，向基部常有数对无柄的黑色腺体，两面无毛或被疏柔毛，侧脉 4~7 对；叶柄长 1~3 cm，上面有浅沟，两侧具数对具柄的腺体（图 34–3）。花单生或 2~3 朵簇生于叶腋，无总花梗，白色、粉红色或紫色，单瓣或重瓣（图 34–4）；花梗长 2~2.5 cm，密被柔毛；苞片线形，位于花梗的基部；侧生萼片 2（图 34–

图 34–1　凤仙花

5），卵形或卵状披针形，长 2~3 mm，唇瓣深舟状，长 13~19 mm，宽 4~8 mm，被柔毛，基部急尖成长 1~2.5 cm 内弯的距；旗瓣圆形，兜状，先端微凹，背面中肋具狭龙骨状突起，顶端具小尖，翼瓣具短柄，长 23~35 mm，2 裂，下部裂片小，倒卵状长圆形，上部裂片近圆形，先端 2 浅裂，外缘近基部具小耳（图 34–6）；雄蕊 5，花丝线形，花药卵球形，顶端钝；子房纺锤形，密被柔毛（图 34–5）。

【采收】花期 7~10 月，随着果实成熟，随时采摘，晒干，除去果皮及杂质，贮藏。

【果实及种子形态】蒴果宽纺锤形，长 10~20 mm，两端尖，密被柔毛（图 34–7）。种子多数，呈椭圆形、扁圆形或卵圆形，长 2~3 mm，宽 1.5~2.5 mm。表面棕褐色或灰褐色，粗糙，有稀疏的白色或浅黄棕色小点，种脐位于狭端，稍突出。质坚实，种皮薄，子叶灰白色，半透明，油质（图 34–8、图 34–9、图 34–10）。

【种子萌发特性】凤仙花的种子具有休眠性。不同的贮藏条件和贮藏时间对凤仙花种子的活性有影响，室内自然条件下贮藏和硅胶干燥贮藏能够保持较高的发芽率，分别为 93.7% 和 94.7%，但是在幼苗期会出现畸形苗和死苗现象；低温冷藏种子的萌发率下降至 81%，幼苗期畸形苗和死苗现象比较严重。凤仙花种子对光不敏感，光照对于凤

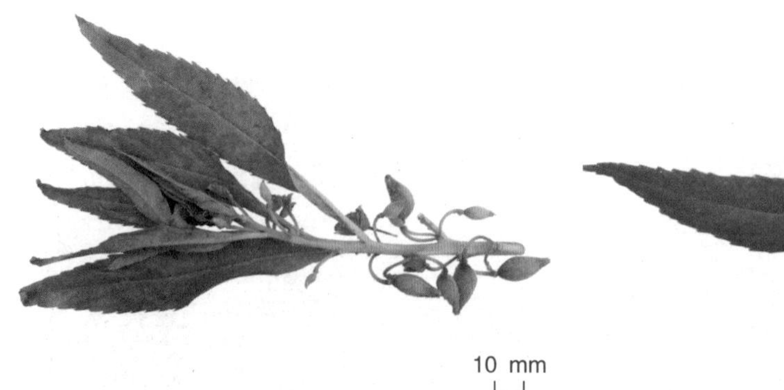

图 34–2　凤仙花的叶序及果实

图 34–3　凤仙花的叶形

图 34–4　凤仙花的花序

图 34–5　凤仙花的萼片、雄蕊及子房

仙花种子的萌发几乎没有影响。0.2%KNO_3和萌发前 Perehill 处理凤仙花种子可以打破休眠，对其种子的萌发有显著的影响，其发芽势和发芽率均有显著的提高，分别提高40.98%、61.29%、52.81%。

【种子贮藏要求】置于纸皮袋中，15℃保存或硅胶干燥贮藏。

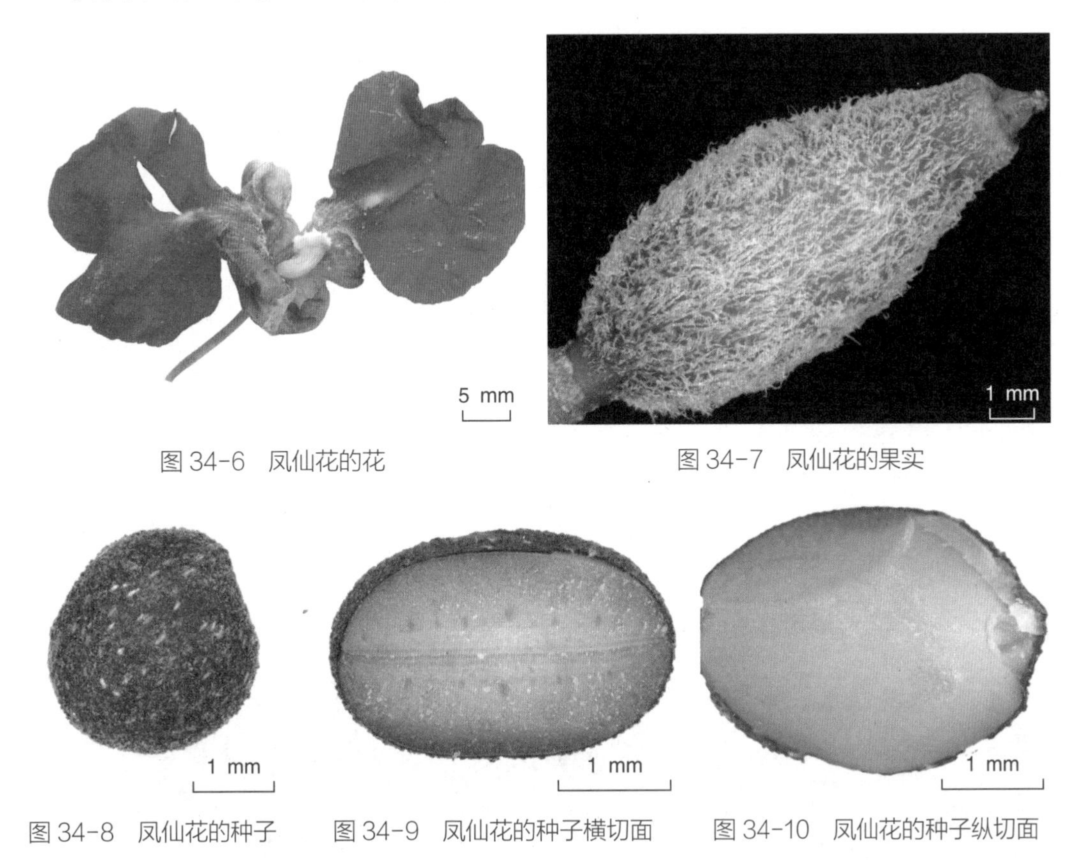

图 34-6 凤仙花的花

图 34-7 凤仙花的果实

图 34-8 凤仙花的种子

图 34-9 凤仙花的种子横切面

图 34-10 凤仙花的种子纵切面

35. 蒺藜

【别名】白蒺藜、刺蒺藜、土蒺藜。

【来源】蒺藜科一年生草本植物蒺藜 *Tribulus terrestris* L.。

【产地】全国各地均有出产。

【功能主治】蒺藜的果实入药称蒺藜，具有平肝解郁，活血祛风，明目，止痒的功效。用于头痛眩晕，胸胁胀痛，乳闭乳痈，目赤翳障，风疹瘙痒。

【植物形态】茎平卧，无毛，被长柔毛或长硬毛，枝长 20~60 cm（图 35-1）。偶数羽状复叶，长 1.5~5 cm；小叶对生，3~8 对，矩圆形或斜短圆形，长 5~10 mm，宽 2~5 mm，先端锐尖或钝，基部稍偏科，被柔毛，全缘（图 35-2）。花腋生，花梗短于叶，花黄色；萼片 5，宿存；花瓣 5（图 35-3）；雄蕊 10，生于花盘基部，基部有鳞片状腺体，花药着生方式为“丁”字药，纵裂（图 35-4）。子房上位，5 棱，柱头 5 裂，每室 3~4 胚珠（图 35-5、图 35-6）。

【采收】花期 5~8 月，果期 6~9 月，秋季果实成熟时采收，除去果皮，晒干，除净杂质，贮存。

【果实及种子形态】果有分果瓣 5，质硬，长 4~6 mm，无毛或被毛，中部边缘

图 35-1 蒺藜

有锐刺2枚，下部常有小锐刺2枚，其余部位常有小瘤体（图35-7）。每个分果有种子3枚，白色，种脊明显，种脐位于一端，棕色；子叶两枚（图35-8、图35-9、

图35-2　蒺藜的叶序

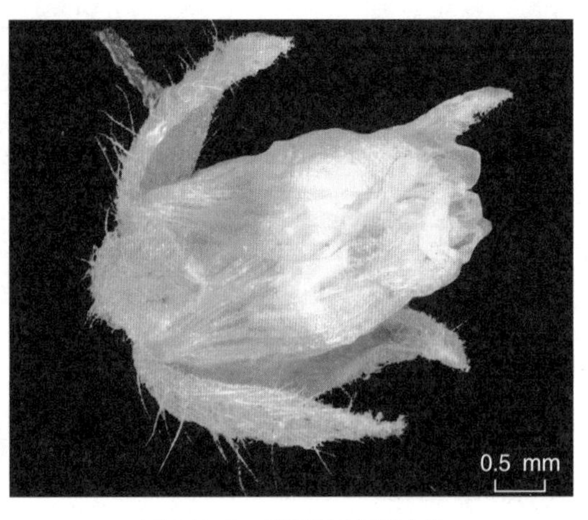

图35-3　蒺藜的花萼及花

图35-4　蒺藜的雄蕊

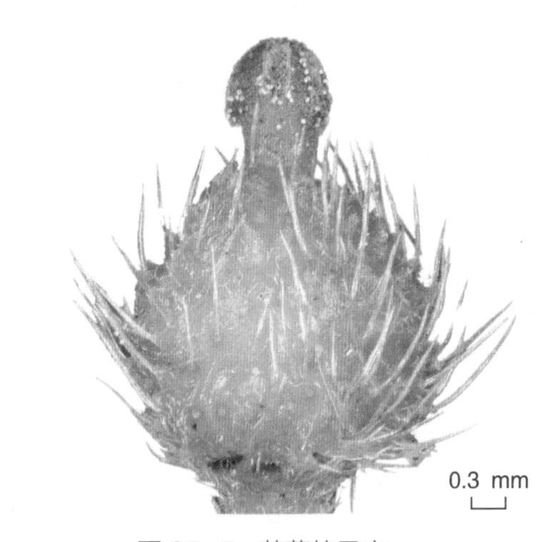

图35-5　蒺藜的子房

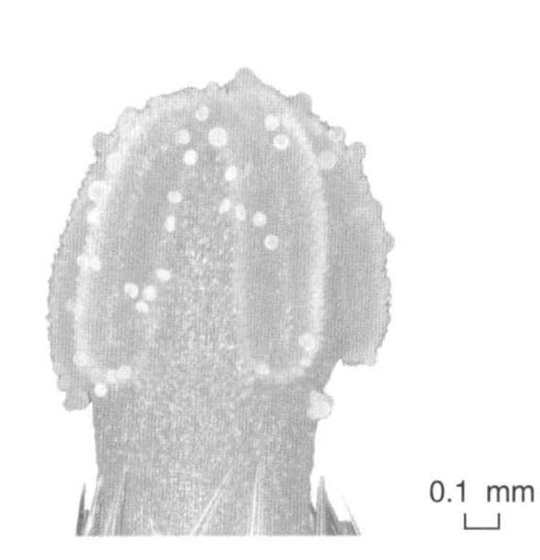

图35-6　蒺藜的花柱

图35-7　蒺藜的果实

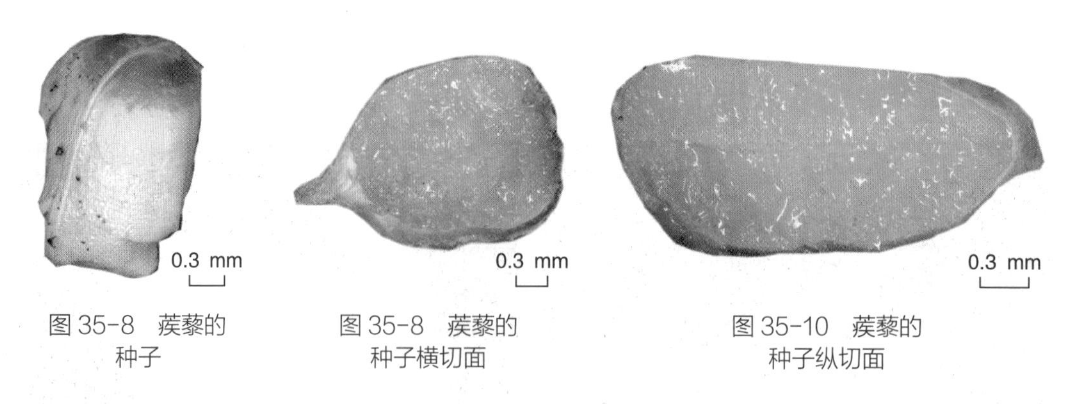

图 35-8　蒺藜的种子

图 35-8　蒺藜的种子横切面

图 35-10　蒺藜的种子纵切面

图 35-10）。

【种子萌发特性】在室温 26℃下，不同浓度的赤霉素对于蒺藜种子的发芽率、发芽指数等均有不同程度的促进作用，当赤霉素浓度为 300 mg/L 时能明显的增长蒺藜种子的发芽率、发芽速率和发芽势，赤霉素浓度为 300 mg/L 能显著增加蒺藜种子的发芽势。

【种子储藏要求】正常型，置于室内通风干燥处贮存。

36. 龙葵

【别名】野海椒、小果果。

【来源】茄科一年生草本植物龙葵 *Solanum nigrum* L.。

【产地】全国各地均产。

【功能主治】龙葵地上部分入药称龙葵，具有清热解毒、消炎利尿、消肿散结的功效。用于疮疖肿痛，尿路感染，小便不利，肿瘤。其果实入药称龙葵果，具有调血解毒，清热止渴，收敛消肿的功效。用于热性气管炎，咽炎，肝炎。外敷或外洗治疗头痛、脑膜炎及耳、鼻、眼部疾病；捣碎外敷胃脘部，可消肿止痛，治疗胃痛、胃胀；煎汁漱口治疗牙龈肿痛。

【植物形态】一年生直立草本，高 0.25~1 m，茎无棱或棱不明显，绿色或紫色，近无毛或被微柔毛（图 36–1）。叶卵形，长 2.5~10 cm，宽 1.5~5.5 cm，先端短尖，基部楔形至阔楔形而下延至叶柄，全缘或每边具不规则的波状粗齿，光滑或两面均被稀疏短柔毛，叶脉每边 5~6 条，叶柄长 1~2 cm（图 36–2）。蝎尾状花序腋外生，由 3~6（~10）花组成，总花梗长 1~2.5 cm，花梗长约 5 mm，近无毛或具短柔毛（图 36–3）；萼小，

图 36-1　龙葵

浅杯状，直径 1.5~2 mm，齿卵圆形，先端圆，基部两齿间连接处成角度（图 36–4）；花冠白色，筒部隐于萼内，长不及 1 mm，冠檐长约 2.5 mm，5 深裂，裂片卵圆形，长约 2 mm；花丝短，花药黄色，长约 1.2 mm，约为花丝长度的 4 倍，顶孔向内（图 36–5）；子房卵形，直径约 0.5 mm，花柱长约 1.5 mm，中部以下被白色绒毛，柱头小，头状（图 36–6）。

【采收】花期 6~8 月，果期 7~11 月。待浆果呈黑色时采收，摘下果实，搓去果皮，洗净种子，放阴湿处晾干，储存。

【果实及种子形态】浆果球形，直径约 8 mm，熟时黑色，基部有宿萼（图 36–7）。种子多数，倒宽卵形，扁，双凸，底部近圆形，近基部渐尖变扁，并向一侧稍偏斜。长 1.7~2 mm，宽 1.3~1.5 mm。有网状纹。种脐位于腹面一侧基部，为一闭合的缝，白色，胚乳白色（图 36–8、图 36–9、图 36–10）。

【种子萌发特性】龙葵种子容易萌发。对于温度的要求不严格，发芽适宜的温度为 15℃，发芽率为 92.7%。储存时间太长会影响种子的萌发，最好不超过 2 年。

【种子贮藏要求】正常型，储存于通风干燥处。

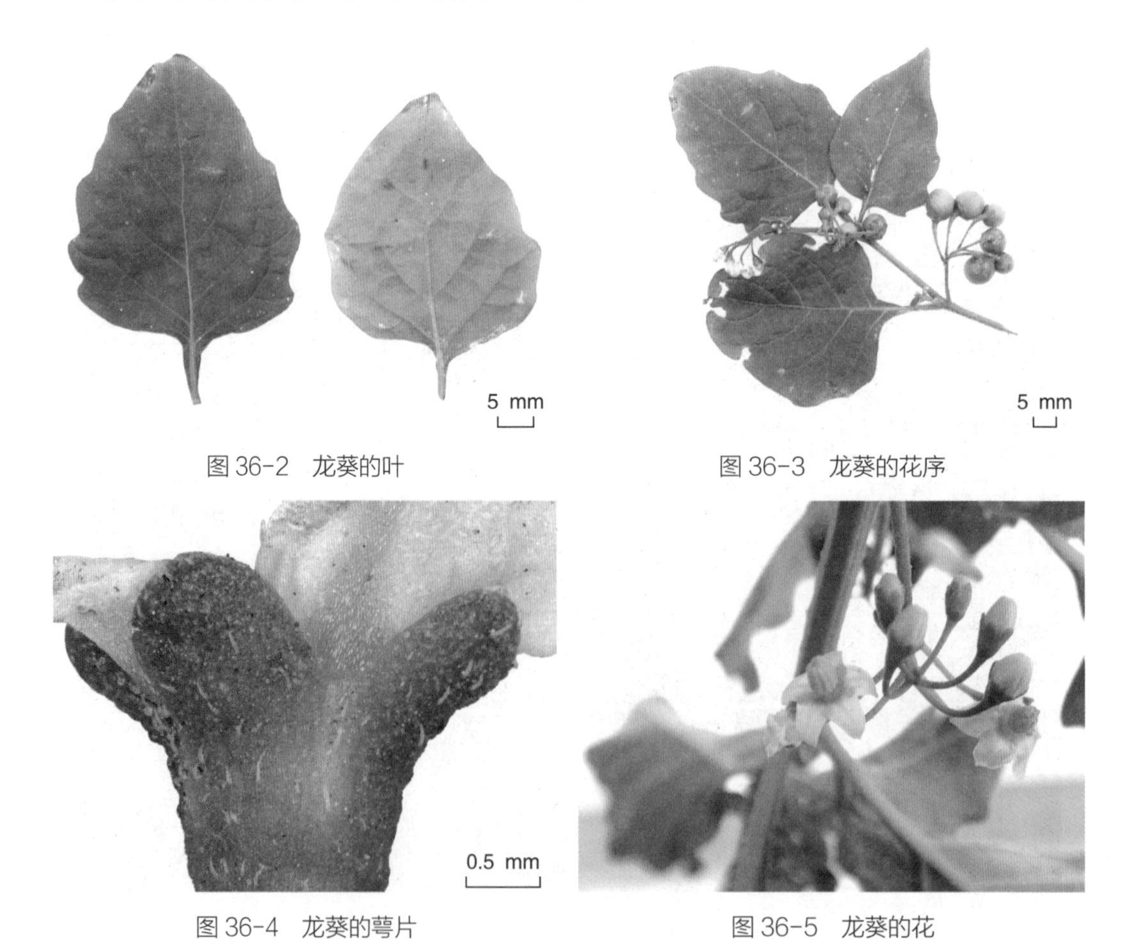

图 36-2　龙葵的叶

图 36-3　龙葵的花序

图 36-4　龙葵的萼片

图 36-5　龙葵的花

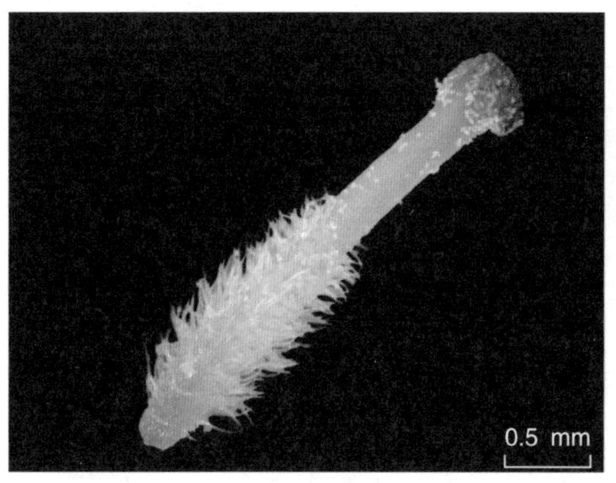

图 36-6　龙葵的子房

图 36-7　龙葵的果实

图 36-8　龙葵的种子

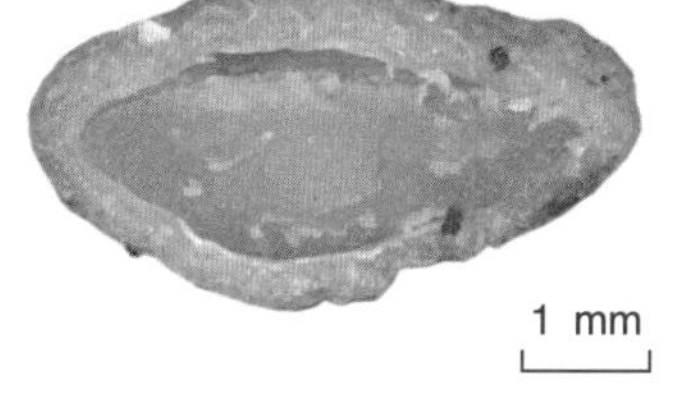

图 36-9　龙葵的种子横切面

图 36-10　龙葵的种子纵切面

37. 红蓼

【别名】荭草、东方蓼、狗尾巴花。

【来源】蓼科一年生草本植物红蓼 *Polygonum orientale* L. 。

【产地】全国各地均产。

【功能主治】红蓼成熟的果实入药称水红花子，具有散血消癥，消积止痛，利水消肿的功效。用于癥瘕痞块，瘿瘤，食积不消，胃脘胀痛，水肿腹水。

【植物形态】茎直立，粗壮，高 1~2 m，上部多分枝，密被开展的长柔毛（图 37–1）。叶宽卵形、宽椭圆形或卵状披针形，长 10~20 cm，宽 5~12 cm，顶端渐尖，基部圆形或近心形，微下延，边缘全缘，密生缘毛，两面密生短柔毛，叶脉上密生长柔毛；叶柄长 2~10 cm，具开展的长柔毛（图 37–2）；托叶鞘筒状，膜质，长 1~2 cm，被长柔毛，具长缘毛，通常沿顶端具草质、绿色的翅（图 37–3）。总状花序呈穗状，顶生或腋生，长 3~7 cm，花紧密，微下垂，通常数个再组成圆锥状（图 37–4）；苞片宽漏斗状，长 3~5 mm，草质，被短柔毛，边缘具长缘毛，每苞内具 3~5 花；花梗比苞片长（图 37–5）；花被 5 深裂，淡红色或白色；花被片椭圆形，长 3~4 mm；雄蕊 7, 比花被长

图 37–1　红蓼

（图 37–6）；花盘明显；花柱 2, 中下部合生，比花被长，柱头头状（图 37–7）。

【采收】花期 6~9 月，果期 8~10 月。待果实成熟时及时采收，除去杂质，晒干，储存。

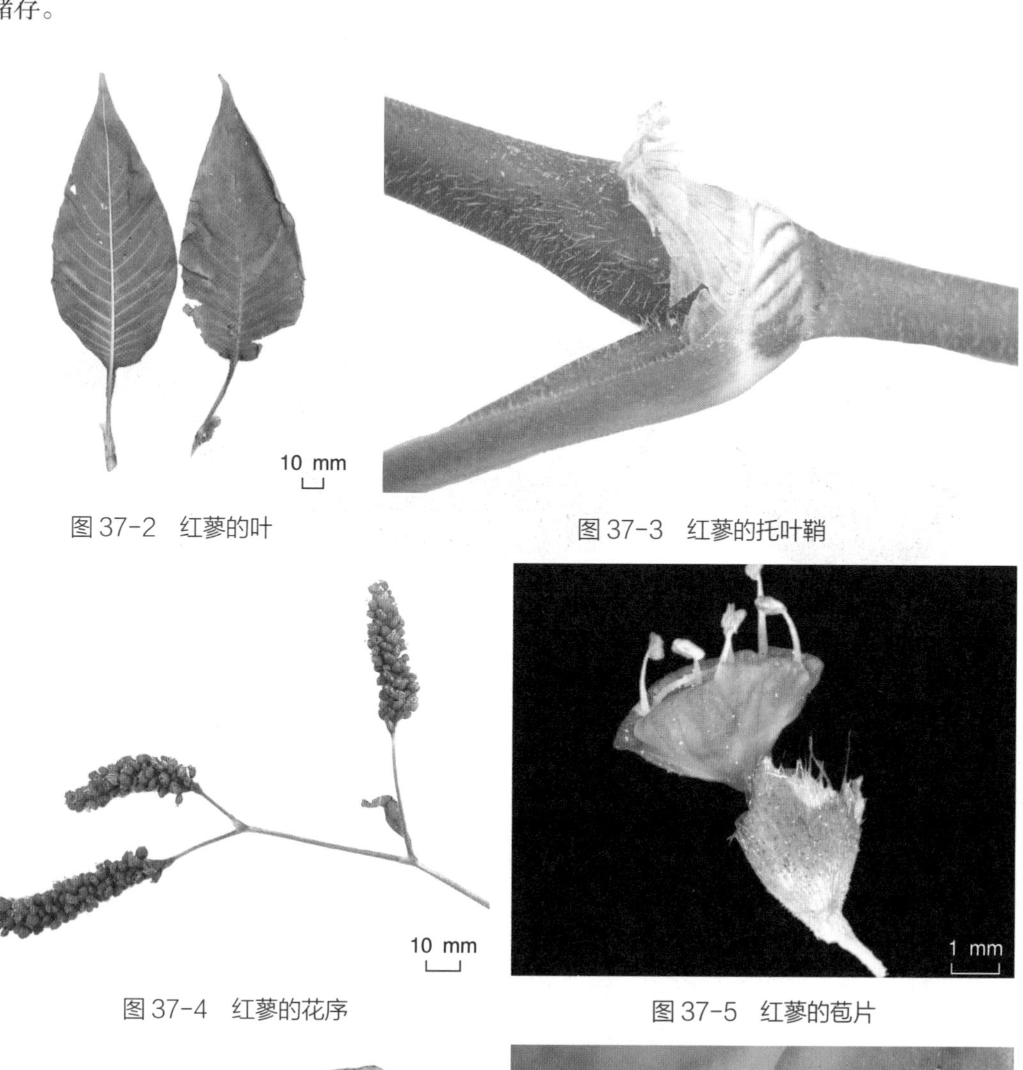

图 37-2　红蓼的叶

图 37-3　红蓼的托叶鞘

图 37-4　红蓼的花序

图 37-5　红蓼的苞片

图 37-6　红蓼的花

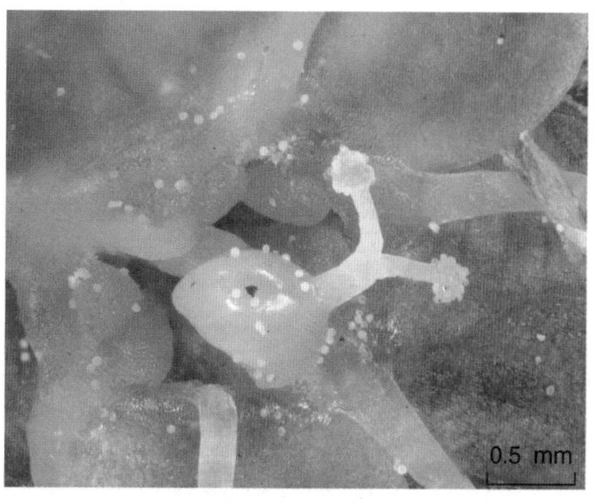

图 37-7　红蓼的花柱

【果实及种子形态】瘦果近圆形，双凹，直径长 3~3.5 mm，黑褐色，有光泽，包于宿存花被内，胚白色，半环形（图 37–8、图 37–9、图 37–10）。

【种子萌发特性】红蓼种子具有休眠性，种皮的硬度是影响红蓼种子萌发的重要原因。红蓼种子在 0.5 g/ml 浓度的 NaOH 下浸泡 45 分钟发芽率最高，达 99.63%，并且 NaOH 浓度及处理时间在 0.3~0.5 g/ml 范围内，浸泡 45 分钟可以使红蓼种子发芽快而整齐。低温储藏可以打破红蓼种子的休眠。60℃水温浸种 24 小时发芽效果好，发芽率达 26.67%。红蓼种子成熟 1 个月后经过浓硫酸破坏种皮即可萌发，其胚乳没有原生休眠。

【种子贮藏要求】正常型，置于室温、通风、干燥处储存。

图 37-8　红蓼的果实

图 37-9　红蓼的果实横切面

图 37-10　红蓼的果实纵切面

38. 莨菪

【别名】小癫茄、山烟、米罐子。

【来源】茄科二年生草本植物莨菪 *Hyoscyamus niger* L.。

【产地】主产于河北、内蒙古、河南、辽宁等地。

【功能主治】莨菪种子入药称天仙子，具有解痉止痛，平喘，安神的功效。用于胃脘挛痛，喘咳，癫狂。

【植物形态】二年生草本，高达 1 m，全体被黏性腺毛。一年生的茎极短，自根茎发出莲座状叶丛，卵状披针形或长矩圆形，长可达 30 cm，宽达 10 cm，顶端锐尖，边缘有粗牙齿或羽状浅裂，主脉扁宽，侧脉 5~6 条直达裂片顶端，有宽而扁平的翼状叶柄，基部半抱根茎；第二年春茎伸长而分枝，下部渐木质化，茎生叶卵形或三角状卵形，顶端钝或渐尖，无叶柄而基部半抱茎或宽楔形，边缘羽状浅裂或深裂，向茎顶端的叶成浅波状，裂片多为三角形，顶端钝或锐尖，两面除生黏性腺毛外，沿叶脉并生有柔毛，长 4~10 cm，宽 2~6 cm（图 38-1）。花在茎中部以下单生于叶腋，在茎上端则单生于苞状叶腋内而聚集成蝎尾式总状花序，通常偏向一侧，近无梗或仅有极短的花梗

图 38-1　莨菪

（图 38–2）。花萼筒状钟形，生细腺毛和长柔毛，长 1~1.5 cm，5 浅裂，裂片大小稍不等，花后增大成坛状，基部圆形，长 2~2.5 cm，直径 1~1.5 cm，有 10 条纵肋，裂片开张，顶端针刺状；花冠钟状，长约为花萼的一倍，黄色而脉纹紫堇色（图 38–3）；雄蕊稍伸出花冠，花丝长，花药深蓝色，着药方式为背着药，纵裂（图 38–4）；子房直径约 3 mm，花柱细瘦，头状（图 38–5、图 38–6）。

【采收】夏季开花、结果。待果实成熟变成浅棕色时采摘，搓去皮，晒干，除去杂质，储存。

【果实及种子形态】蒴果包藏于宿存萼内，长卵圆状，长约 1.5 cm，直径约 1.2 cm（图 38–7）。种子呈类扁肾形或扁卵形，直径约 1 mm。表面棕黄色或灰黄色，有细密的网纹，略尖的一端有点状种脐。切面灰白色，油质，有胚乳，胚弯曲（图 38–8、图 38–9、图 38–10）。

【种子萌发特性】莨菪种子的发芽温度范围为 15~30℃，最适发芽温度为 25℃。在最适温度下发芽 14 天，发芽率达到 50%。

【种子储藏要求】正常型，常温通风干燥贮存。

图 38–2　莨菪的花序

图 38–3　莨菪的花萼及花

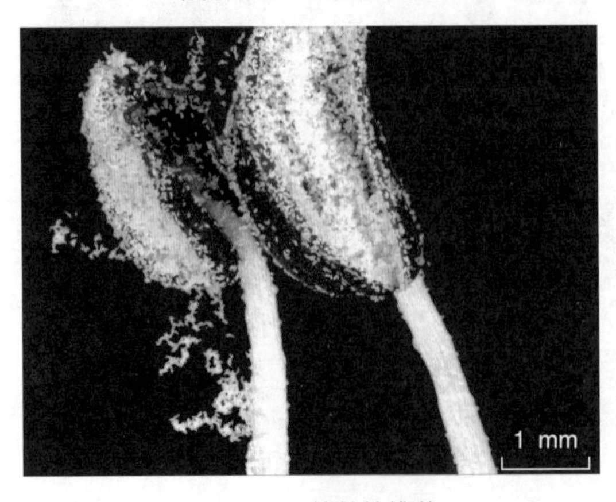

图 38–4　莨菪的雄蕊

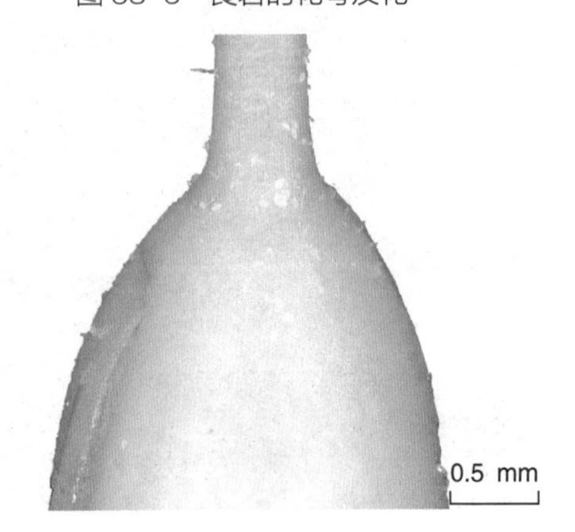

图 38–5　莨菪的子房

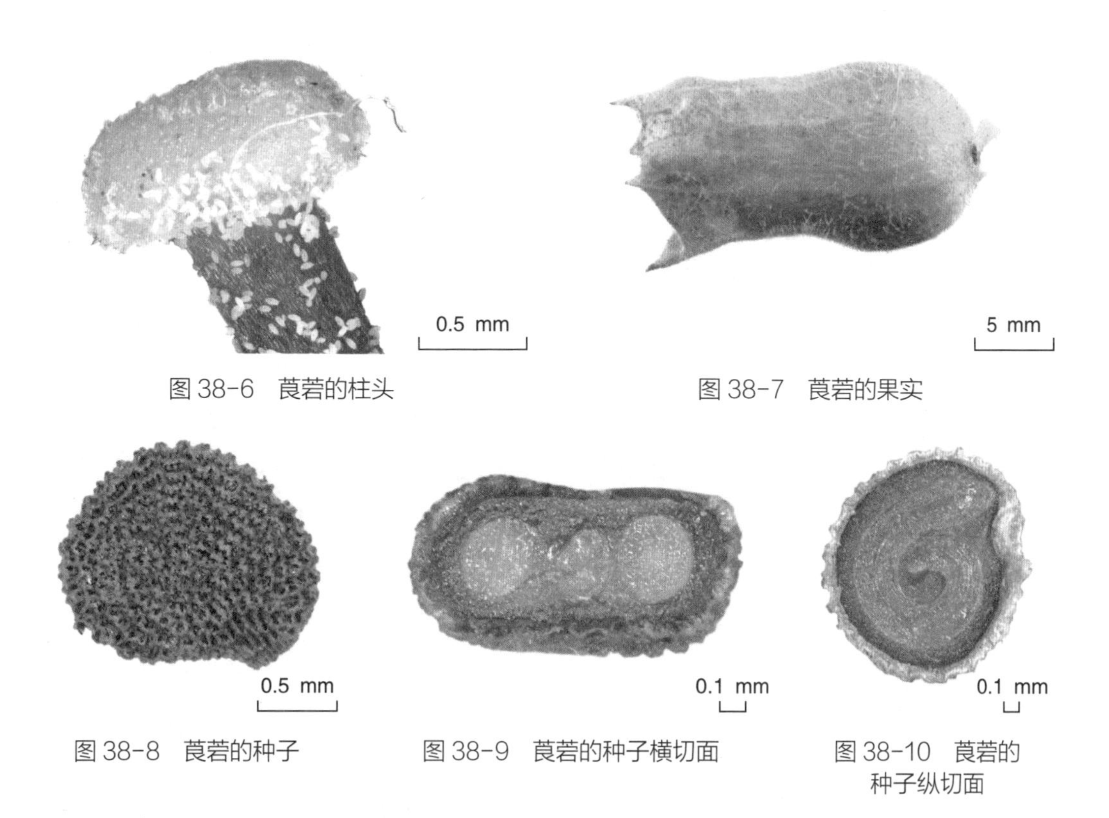

图 38-6　莨菪的柱头

图 38-7　莨菪的果实

图 38-8　莨菪的种子

图 38-9　莨菪的种子横切面

图 38-10　莨菪的种子纵切面

39. 益母草

【别名】坤草、九重楼、云母草、益母艾、野天麻、益母蒿、四棱蒿。

【来源】唇形科一年生或二年生草本植物益母草 *Leonurus japonicus* Houtt. 。

【产地】全国大部分地区均产。

【功能主治】益母草果实入药称茺蔚子，具有活血调经，清肝明目的功效。用于月经不调，经闭痛经，目赤翳障，头晕胀痛。全草入药称益母草，具有活血调经，利尿消肿，清热解毒的功效。用于月经不调，痛经经闭，恶露不尽，水肿尿少，疮疡肿毒。

【植物形态】茎直立，通常高 30~120 cm，钝四棱形，微具槽，有倒向糙伏毛，在节及棱上尤为密集，在基部有时近于无毛，多分枝，或仅于茎中部以上有能育的小枝条（图 39–1）。叶轮廓变化很大，茎下部叶轮廓为卵形，基部宽楔形，掌状 3 裂，裂片呈长圆状菱形至卵圆形，通常长 2.5~6 cm，宽 1.5~4 cm，裂片上再分裂，上面绿色，有糙伏毛，叶脉稍下陷，下面淡绿色，被疏柔毛及腺点，叶脉突出，叶柄纤细，长 2~3 cm，由于叶基下延而在上部略具翅，腹面具槽，背面圆形，被糙伏毛；茎中部叶轮廓为菱形，较小，通常分裂成 3 个或偶有多个长圆状线形的裂片，基部狭楔形，叶柄长 0.5~2 cm（图 39–2）；花序最上部的苞叶近于无柄，线形或线状披针形，长 3~12 cm，

图 39–1　益母草

宽 2~8 mm，全缘或具稀少牙齿。轮伞花序腋生，具 8~15 花，轮廓为圆球形，直径 2~2.5 cm，多数远离而组成长穗状花序；小苞片刺状，向上伸出，基部略弯曲，比萼筒短，长约 5 mm，有贴生的微柔毛；花梗无（图 39-3）。花萼管状钟形，长 6~8 mm，外面有贴生微柔毛，内面于离基部 1/3 以上被微柔毛，5 脉，显著，齿 5，前 2 齿靠合，长约 3 mm，后 3 齿较短，等长，长约 2 mm，齿均宽三角形，先端刺尖。花冠粉红至淡紫红色，长 1~1.2 cm，外面于伸出萼筒部分被柔毛，冠筒长约 6 mm，等大，内面在离基部 1/3 处有近水平向的不明显鳞毛毛环，毛环在背面间断，其上部多少有鳞状毛，冠檐二唇形，上唇直伸，内凹，长圆形，长约 7 mm，宽 4 mm，全缘，内面无毛，边缘具纤毛，下唇略短于上唇，内面在基部疏被鳞状毛，3 裂，中裂片倒心形，先端微缺，边缘薄膜质，基部收缩，侧裂片卵圆形，细小（图 39-4）。雄蕊 4，均延伸至上唇片之下，平行，前对较长，花丝丝状，扁平，疏被鳞状毛，花药卵圆形，二室（图 39-5）。花柱丝状，略超出于雄蕊而与上唇片等长，无毛，先端相等 2 浅裂，裂片钻形（图 39-6）。花盘平顶。子房褐色，无毛。

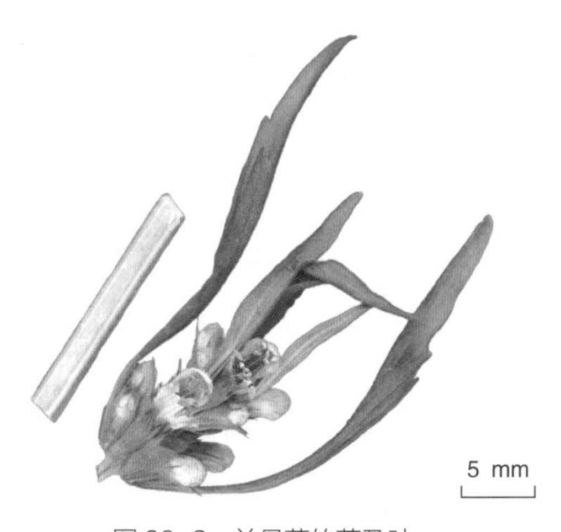

图 39-2　益母草的茎及叶

图 39-3　益母草的花序

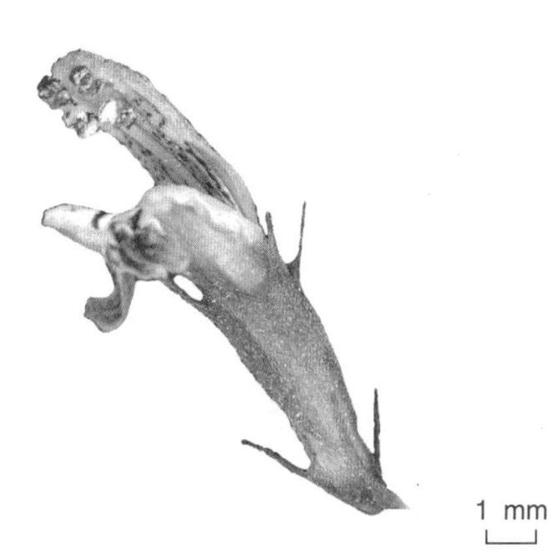

图 39-4　益母草的花

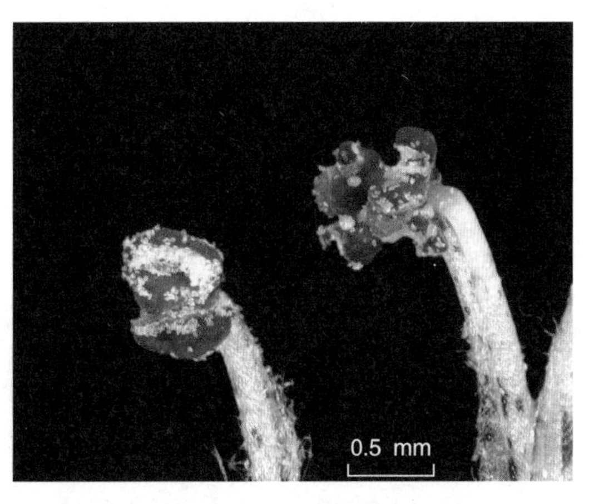

图 39-5　益母草的雄蕊

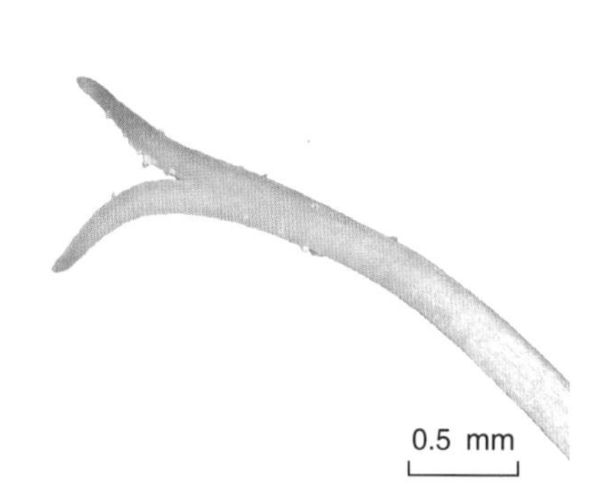

图 39-6　益母草的雌蕊

【采收】花期通常在6~9月，果期9~10月。秋季果实成熟时采割地上部分，晒干，打下果实，除去杂质。

【果实形态】小坚果呈三棱形，长2~3 mm，宽约1.5 mm。表面灰棕色至灰褐色，有深色斑点，一端稍宽，平截状，另一端渐窄而钝尖。果皮薄，子叶类白色，富油性（图 39-7、图 39-8、图 39-9）。

【种子萌发特性】益母草种子自然更新能力较低，在栽培过程中存在种子发芽率较低的现象，进行预处理有助于益母草种子的萌发。研究表明光照对于益母草种子的萌发几乎没有影响，无感光性。其中以滤纸、纱布、细沙为芽床处理益母草种子，以滤纸芽床的益母草种子的发芽率和发芽势相对其他两个为芽床的发芽率和发芽势要高。温度是影响益母草种子萌发的一个重要因素，以滤纸为发芽床，25℃温度下发芽率和发芽势均高于 20℃和 30℃，益母草种子的最适发芽温度为 25℃。盐浓度对于益母草种子的发芽率、发芽指数、发芽势等都有显著的影响，随着盐浓度的增加，发芽率、发芽势和发芽指数都会逐渐降低，其中含盐量在 0.30% 时较为适宜。

【种子储藏要求】正常型，置于通风干燥处储存。

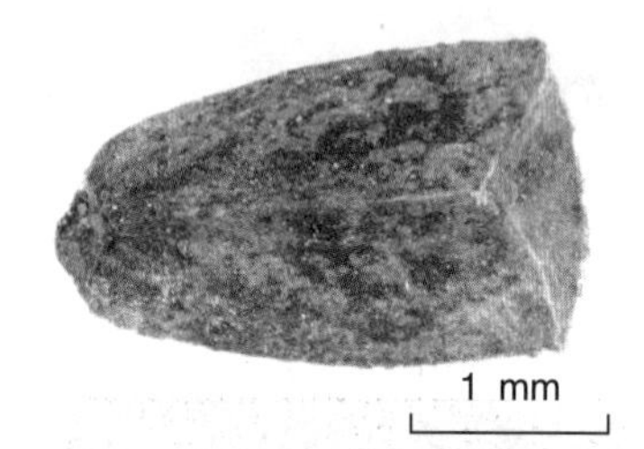

图 39-7　益母草果实

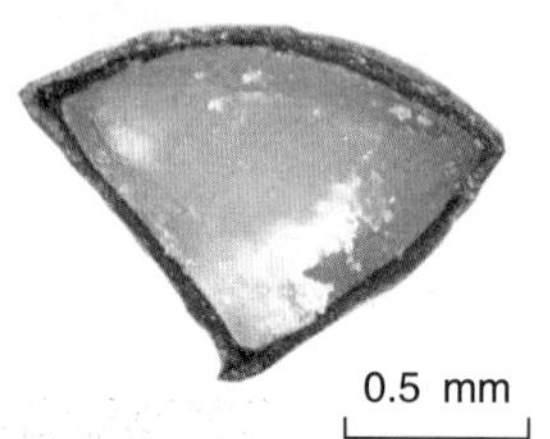

图 39-8　益母草果实横切面

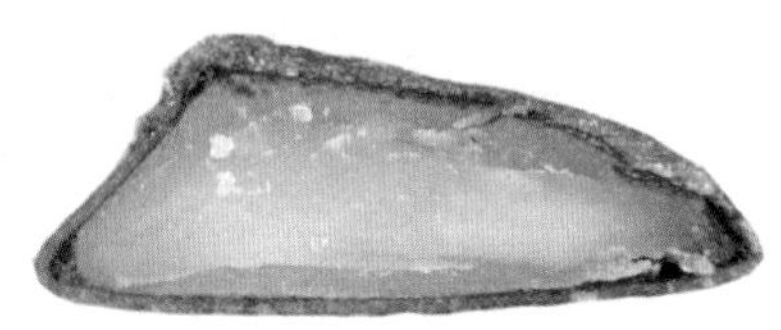

图 39-9　益母草果实纵切面

40．女贞

【别名】青蜡树、大叶蜡树、蜡树。

【来源】木犀科木本植物女贞 *Ligustrum lucidum* Ait.。

【产地】女贞在我国分布很广，主产于湖南、浙江、江苏、安徽、江西、四川、贵州、云南、陕西等地。

【功能主治】女贞的果实入药称女贞子，具有滋补肝肾，明目乌发的功效。用于肝肾阴虚，眩晕耳鸣，腰膝酸软，须发早白，目暗不明，内热消渴，骨蒸潮热。

【植物形态】灌木。树高可达 25 m；树皮灰褐色。枝黄褐色、灰色或紫红色，圆柱形，疏生圆形或长圆形皮孔（图 40–1）。叶片常绿色，革质，卵形、长卵形或椭圆形至宽椭圆形，长 6~17 cm，宽 3~8 cm，先端锐尖至渐尖或钝，基部圆形或近圆形，有时宽楔形或渐狭，叶缘平坦，上面光亮，两面无毛，中脉在上面凹入，下面凸起，侧脉 4~9 对，两面稍凸起或有时不明显；叶柄长 1~3 cm，上面具沟，无毛（图 40–2、图 40–3）。圆锥花序顶生，长 8~20 cm，宽 8~25 cm（图 40–4）；花序梗长 0~3 cm；花序轴及分枝轴无毛，紫色或黄棕色，果时具棱（图 40–5）；花序基部苞片常与叶同型，小苞片披针形或线形，长 0.5~6 cm，宽 0.2~1.5 cm，凋落；花无梗或近无梗，长不超过

图 40–1　女贞

1 mm；花萼无毛，长 1.5~2 mm，齿不明显或近截形（图 40–6）；花冠长 4~5 mm，花冠管长 1.5~3 mm，裂片长 2~2.5 mm，反折（图 40–7）；花丝长 1.5~3 mm，花药长圆形，长 1~1.5 mm，着药方式为基着药，纵裂（图 40–8）；花柱长 1.5~2 mm，柱头棒状（图 40–6）。

图 40-2　女贞的叶序

图 40-3　女贞的叶形

图 40-4　女贞的花序

图 40-5　女贞的花梗

图 40-6　女贞的花萼及花柱

图 40-7　女贞的花冠

【采收】花期 5~7 月，果期 7 月至翌年 5 月。冬季果实成熟时采收，除去果皮，晒干，除去杂质，储存。

【果实及种子形态】果实卵形、椭圆形或肾形，长 6~8.5 mm，直径 3.5~5.5 mm。表面黑紫色或灰黑色，皱缩不平，基部有果梗痕或具宿萼及短梗。体轻。外果皮薄，中果皮较松软，易剥离，内果皮木质，黄棕色，具纵棱（图 40–9）；破开后种子通常为 1 粒，肾形，外皮紫黑色，内面灰白色，油性（图 40–10、图 40–11、图 40–12）。

【种子萌发特性】女贞种子适宜的萌发温度为 12~16℃，发芽 128 天，发芽率达到 87%。

【种子储藏要求】正常型，置于通风干燥处储存。

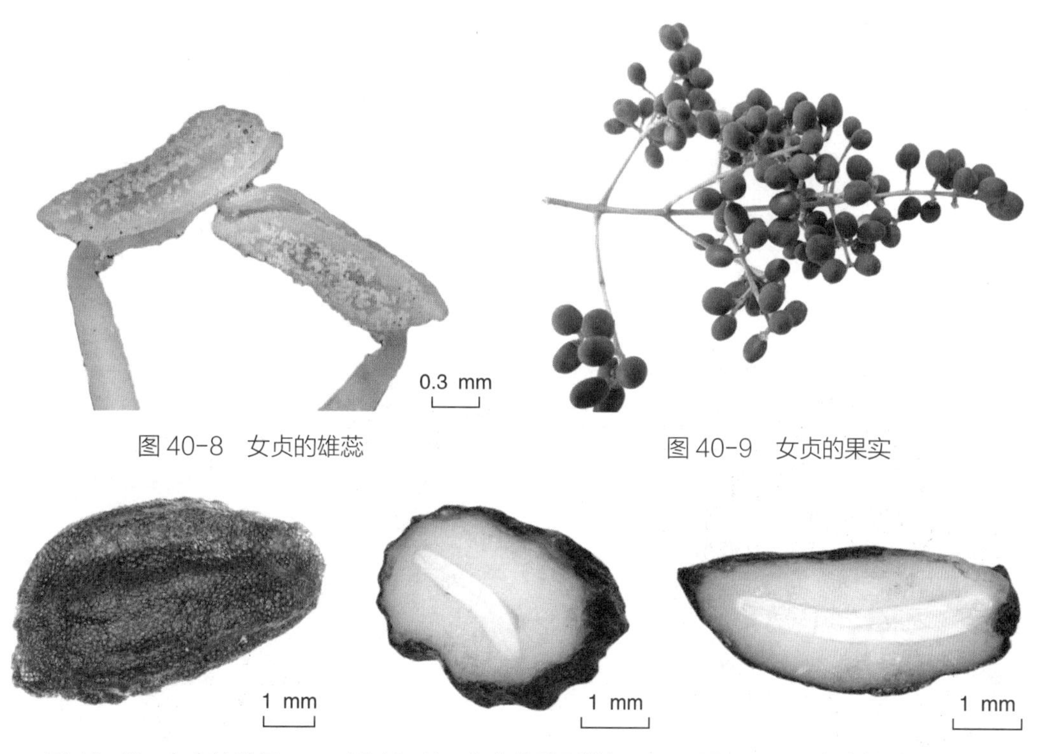

图 40–8　女贞的雄蕊

图 40–9　女贞的果实

图 40–10　女贞的种子

图 40–11　女贞的种子横切面

图 40–12　女贞的种子纵切面

41. 穿心莲

【**别名**】榄核莲、一见喜、斩舌剑、苦草、苦胆草、四方草。

【**来源**】爵床科一年生草本植物穿心莲 *Andrographis paniculata*（Burm. f.）Nees。

【**产地**】主要栽培于广东、广西、福建、云南、四川、江西、江苏等地。

【**功能主治**】穿心莲以干燥地上部分入药称穿心莲，具有清热解毒、凉血、消肿的功效。用于感冒发热，咽喉肿痛，口舌生疮，顿咳劳嗽，泄泻痢疾，热淋涩痛，痈肿疮疡，毒蛇咬伤。

【**植物形态**】茎高 50~80 cm，4 棱，下部多分枝，节膨大（图 41–1、图 41–2）。叶卵状矩圆形至矩圆状披针形，对生，长 4~8 cm，宽 1~2.5 cm，顶端略钝（图 41–3）。花序轴上叶较小，总状花序顶生和腋生，集成大型圆锥花序，花两性，两侧对称（图 41–4）；苞片和小苞片微小，长约 1 mm；花萼裂片三角状披针形，长约 3 mm，有腺毛和微毛（图 41–5）；花冠白色而小，下唇带紫色斑纹，长约 12 mm，外有腺毛和短柔毛，二唇形，上唇微 2 裂，下唇 3 深裂，花冠筒与唇瓣等长（图 41–6、图 41–7）；雄蕊 2，花药 2 室，一室基部和花丝一侧有柔毛（图 41–8）。

图 41–1　穿心莲

图 41-2　穿心莲的茎

图 41-3　穿心莲的叶及叶序

图 41-4　穿心莲的花序

图 41-5　穿心莲的花萼

图 41-6　穿心莲的花冠

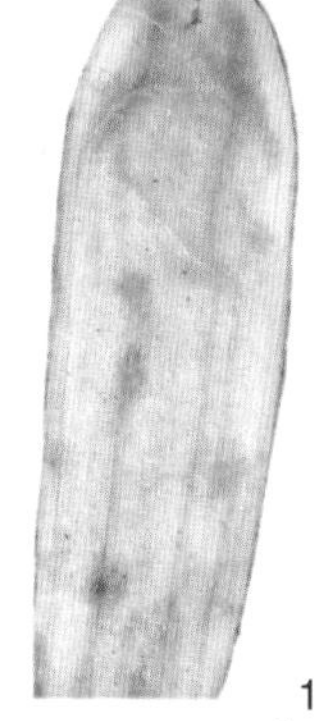

图 41-7　穿心莲的唇瓣

【采收】穿心莲果荚变紫色时应及时采收，等果皮成褐色时再采，果皮易开裂，种子会弹跳掉落；果皮未充分变紫色时采下的种子也太嫩。发芽率不高，采种要掌握种子的成熟程度十分重要。采回来的荚果放在阴凉处后熟几天，用罩子扣住以免种子弹跳损失，等待荚果全部开裂后筛去果皮即得。采收种子宜在晴天上午露水未干时或阴天时分批采收。

图 41-8　穿心莲的雄蕊及雌蕊

图 41-9　穿心莲的果实

【果实及种子形态】蒴果扁，中有一沟，长约 10 mm，疏生腺毛，种子 12 粒（图 41-9）。种子四方形，长 5~10 mm，宽 5~8 mm，棕黄色，有皱纹，腹面在解剖镜下可见深凹入的纵沟一条，种脐不明显。胚呈乳白色（图 41-10、图 41-11、图 41-12）。

【种子萌发特性】经研究表明穿心莲种子萌发的最适宜温度为 25℃，低于 19℃不发芽，在 20℃时发芽缓慢，10 天内发芽率在 3% 左右，一个月内也只能达到 5%~14.6%；种子在 25℃时萌发迅速，10 天的发芽率达到 49.2%~69%，温度过高种子很少发芽。应根据不同的气候情况确定合适的播种温度。

【种子贮藏要求】正常型，常温贮存。

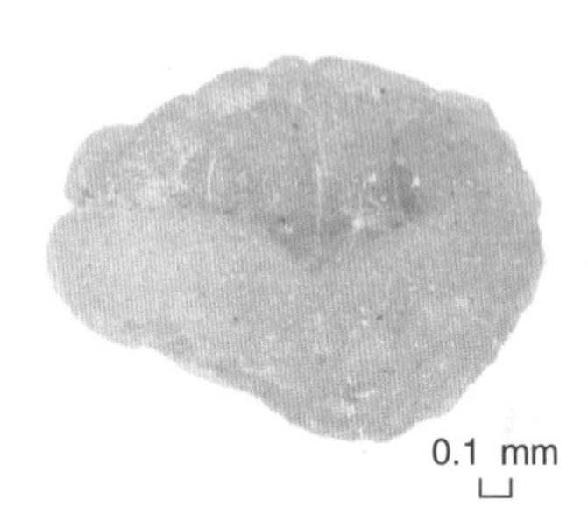

图 41-10　穿心莲的种子

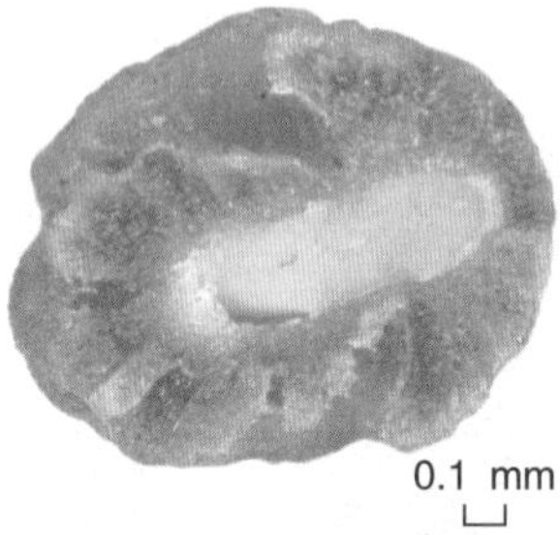

图 41-11　穿心莲的种子横切面

图 41-12　穿心莲的种子纵切面

42. 肥皂草

【**别名**】石碱花。

【**来源**】石竹科多年生草本植物肥皂草 *Saponaria officinalis* L.。

【**产地**】全国各地均产。

【**功能主治**】肥皂草的根入药称肥皂草，具有祛痰，峻泻，祛风除湿，抗菌，杀虫等功效。用于咳嗽等。

【**植物形态**】主根肥厚，肉质；根茎细、多分枝。茎直立，不分枝或上部分枝，常无毛（图 42–1）。叶片椭圆形或椭圆状披针形，长 5~10 cm，宽 2~4 cm，基部渐狭成短柄状，微合生，半抱茎，顶端急尖，边缘粗糙，两面均无毛，具 3 或 5 基出脉（图 42–2）。聚伞圆锥花序，小聚伞花序有 3~7 花；苞片披针形，长渐尖，边缘和中脉被稀疏短粗毛（图 42–3）；花梗长 3~8 mm，被稀疏短毛；花萼筒状，长 18~20 mm，直径 2.5~3.5 mm，绿色，有时暗紫色，初期被毛，纵脉 20 条，不明显，萼齿宽卵形，具凸尖；花瓣白色或淡红色，爪狭长，无毛，瓣片楔状倒卵形，长 10~15 mm，顶端微凹缺；副花冠片线形；雄蕊和花柱外露；雌雄蕊柄长约 1 mm（图 42–4、图 42–5）。雄蕊 10，花药着药方式为背着药，纵裂（图 42–6）；雌蕊 1，柱头顶端开裂，弯曲（图 42–7）；子房上位（图 42–8）。

图 42–1 肥皂草

【采收】花期6~9月。当蒴果黄色时及时采摘，晒干，脱粒，除去杂质。

【果实及种子形态】蒴果长肾形，长约2 cm，直径约7 mm，花萼宿存，先端5裂，种子多数（图42-9）。种子扁肾形，长1.9~2.0 mm，宽1.5~1.7 mm，厚0.6~0.7 mm；表面黑色或棕黑色。解剖镜下可见成行排列的扁疣状突起。腹侧肾形凹入处，可见1点状种脐。胚乳半透明。肉质胚呈环状，白色，胚轴圆柱状，子叶2枚（图42-10、

图42-2　肥皂草的叶

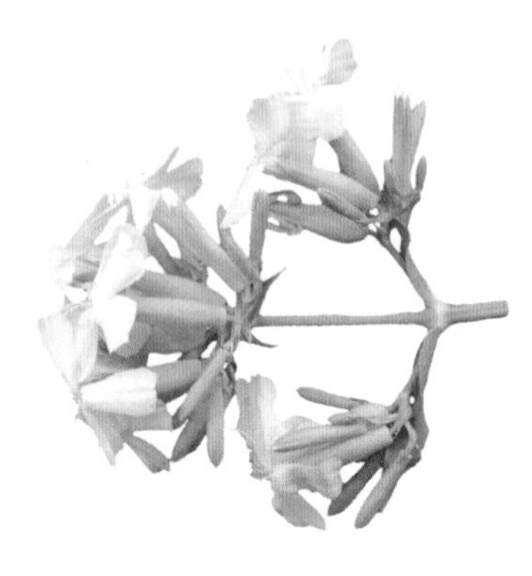

图42-3　肥皂草的花序

图42-4　肥皂草的花萼

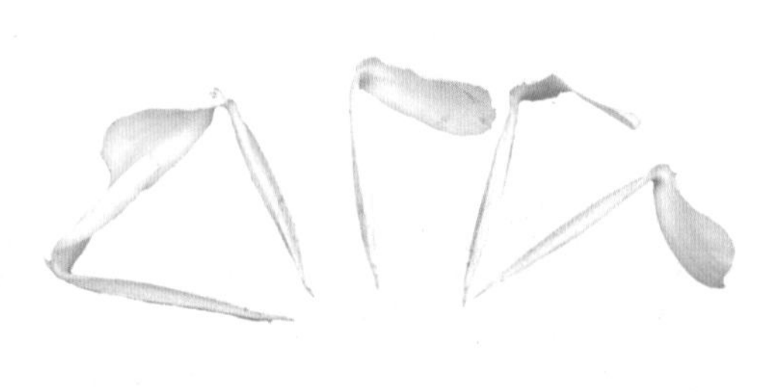

图42-5　肥皂草的花瓣

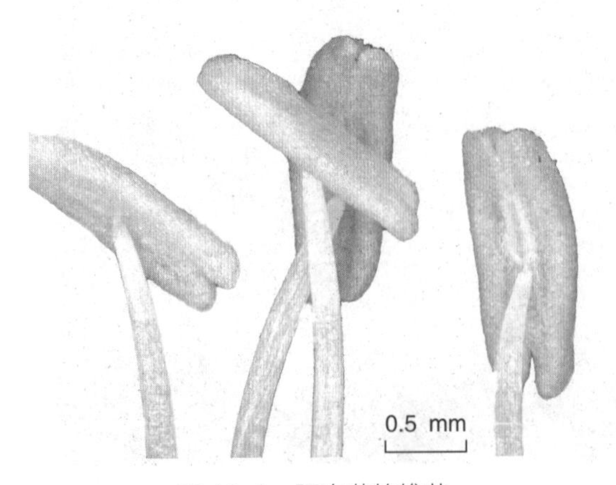

图42-6　肥皂草的雄蕊

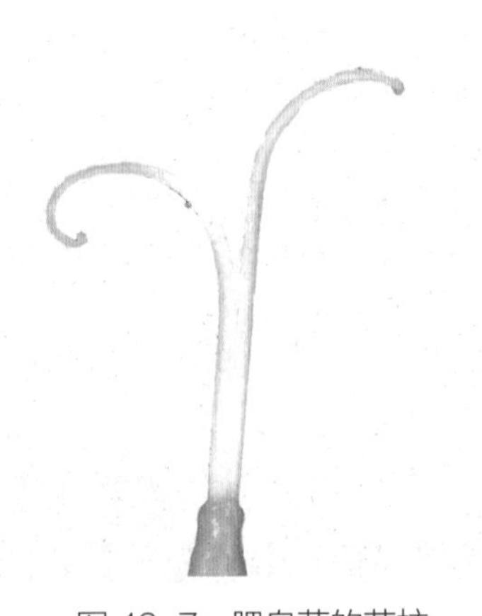

图42-7　肥皂草的花柱

图 42-11、图 42-12）。

【种子萌发特性】有休眠特性。新鲜种子在 5~30℃，黑暗或光照条件下均不萌发。层积可部分解除休眠，4℃层积 75 天以上萌发率为 20% 左右。机械划伤可完全解除休眠，萌发率可达 99% 以上。变温可快速解除休眠，发芽 7 天萌发率可达 97.5%。

【种子储藏要求】正常型，室温下可贮藏 3 年以上。

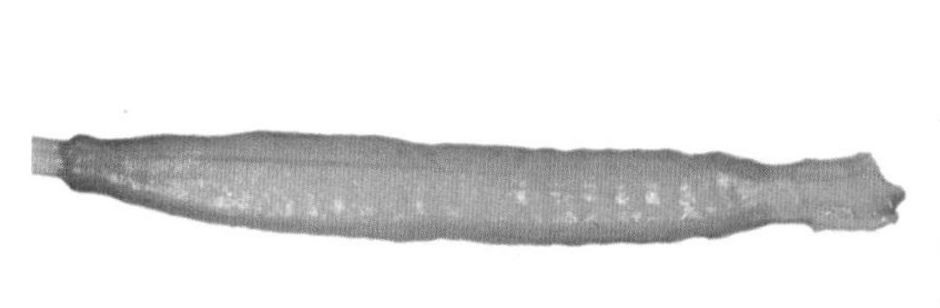

图 42-8 肥皂草的子房

图 42-9 肥皂草的果实

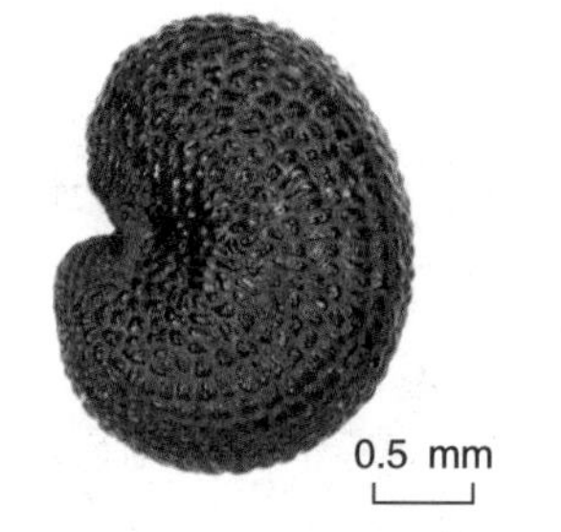

图 42-10 肥皂草的种子

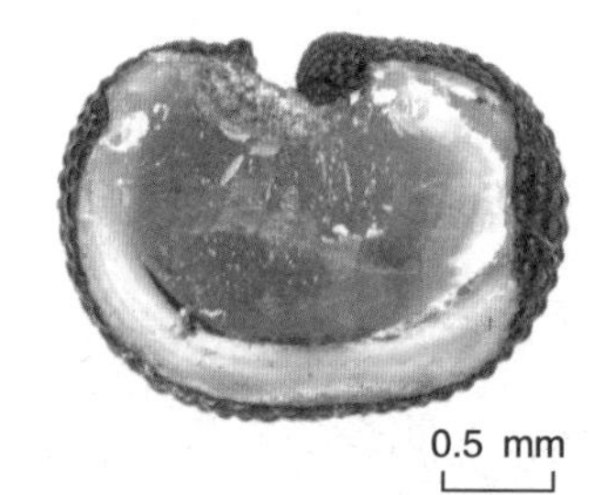

图 42-11 肥皂草的种子横切面

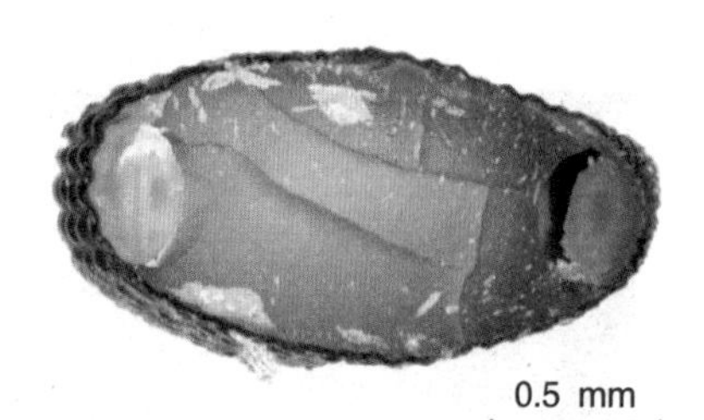

图 42-12 肥皂草的种子纵切面

43. 宁夏枸杞

【**别名**】枸杞、西枸杞、血杞。

【**来源**】茄科木本植物宁夏枸杞 *Lycium barbarum* L.。

【**产地**】主产于宁夏、新疆、陕西等地。

【**功能主治**】宁夏枸杞的果实入药称枸杞子，具有滋补肝肾，益精明目的功效。用于虚劳精亏，腰膝酸痛，眩晕耳鸣，阳痿遗精，内热消渴，血虚萎黄，目昏不明。其根皮入药称地骨皮，具有凉血除蒸，清肺降火的功效。用于阴虚潮热，骨蒸盗汗，肺热咳嗽，咯血，衄血，内热消渴。

【**植物形态**】灌木。枝条细弱，弓状弯曲或俯垂，淡灰色，有纵条纹，棘刺长0.5~2 cm，生叶和花的棘刺较长，小枝顶端锐尖成棘刺状。叶纸质或栽培者质稍厚，单叶互生或2~4枚簇生，卵形、卵状菱形、长椭圆形、卵状披针形，顶端急尖，基部楔形，长1.5~5 cm，宽0.5~2.5 cm，栽培者较大，可长达10 cm以上，宽达4 cm；叶柄长0.4~1 cm（图43-1）。花在长枝上单生或双生于叶腋，在短枝上则同叶簇生（图43-2）；花梗长1~2 cm，向顶端渐增粗（图43-3）。花萼长3~4 mm，通常3中裂或4~5齿裂，

图43-1　宁夏枸杞

裂片多少有缘毛；花冠漏斗状，长 9~12 mm，淡紫色，筒部向上骤然扩大，稍短于或近等于檐部裂片，5 深裂，裂片卵形，顶端圆钝，平展或稍向外反曲，边缘有缘毛，基部耳显著（图 43-4）；雄蕊较花冠稍短，或因花冠裂片外展而伸出花冠，花药着生方式为基着式，开裂方式为纵裂，花丝在近基部处密生一圈绒毛并交织成椭圆状的毛丛，与毛丛等高处的花冠筒内壁亦密生一环绒毛（图 43-5）；花柱稍伸出雄蕊，上端弓弯，柱头绿色（图 43-6）。

【采收】5~10 月边开花，边结果，待果实成熟时采摘，晒干，取出果肉，除去杂质，贮存。

【果实及种子形态】浆果卵圆形或椭圆形，成熟时鲜红色或橘红色，长 6~20 mm，直径 3~10 mm。表面红色或暗红色，顶端有小突起状的花柱痕，基部有白色的果梗痕。果皮柔韧，皱缩；果肉肉质，柔润（图 43-7）。种子倒卵状肾形或椭圆形，略扁，长 1.5~1.9 mm，宽 1.1~1.5 mm，厚 0.6~0.9 mm。表面淡黄棕色，有光泽，放大镜下可见密布边缘波状、略隆起的网纹；腹侧肾形凹入处可见一裂口状或孔状种孔，其边缘即为种脐。胚乳白色，有油性；胚略蜷曲，淡黄白色，有油性，胚根圆柱状，子叶 2 枚，线形（图 43-8、图 43-9、图 43-10）。

图 43-2　宁夏枸杞的花序

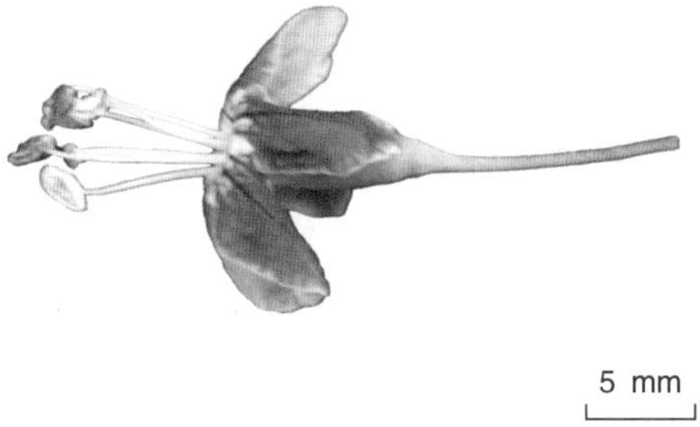

5 mm

图 43-3　宁夏枸杞的花

图 43-4　宁夏枸杞的花萼及花冠

图 43-5　宁夏枸杞的雄蕊

【**种子萌发特性**】不同浓度的盐对枸杞种子有不同的影响，盐浓度升高或者 pH 值增加都不利于枸杞种子发芽；碱性盐的浓度增加也会抑制枸杞种子的发芽率，所以用低浓度碱或低浓度盐预先浸种有希望提高枸杞种子的发芽率。

【**种子贮藏要求**】正常型，常温贮藏。

图 43-6　宁夏枸杞的柱头

图 43-7　宁夏枸杞的果实

图 43-8　宁夏枸杞的种子

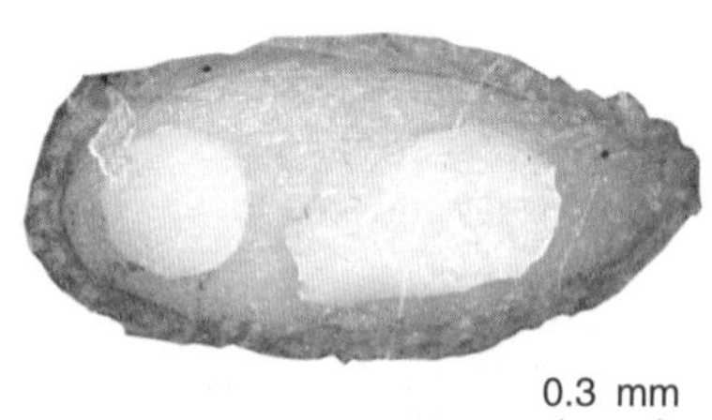

图 43-9　宁夏枸杞的种子横切面

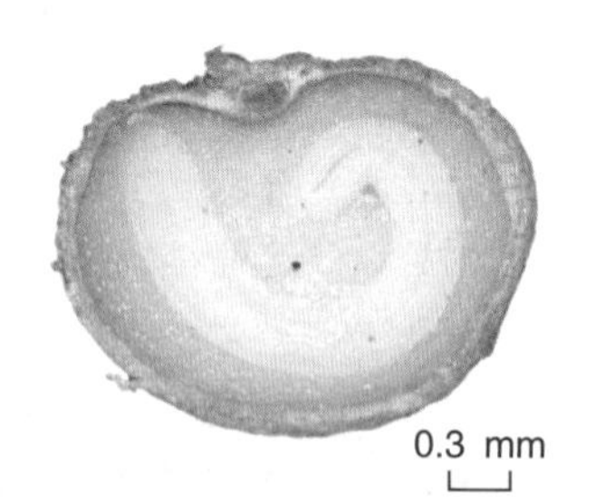

图 43-10　宁夏枸杞的种子纵切面

44. 地黄

【别名】生地黄、生地。

【来源】玄参科多年生草本植物地黄 *Rehmannia glutinosa* Libosch.。

【产地】主产于河南、山西、山东等地，河北等地也有少量的栽培。

【功能主治】地黄未干燥的块根称鲜地黄，具有清热生津，凉血，止血的功效。用于热病伤阴，舌绛烦渴，温毒发斑，吐血，衄血，咽喉肿痛。干燥的块根称生地黄，具有清热凉血，养阴生津的功效。用于热入营血，温毒发斑，吐血衄血，热病伤阴，舌绛烦渴，津伤便秘，阴虚发热，骨蒸劳热，内热消渴。其炮制品称熟地黄，具有补血滋阴，益精填髓的功效。用于血虚萎黄，心悸怔忡，月经不调，崩漏下血，肝肾阴虚，腰膝酸软，骨蒸潮热，盗汗遗精，内热消渴，眩晕，耳鸣，须发早白。

【植物形态】根茎肉质，鲜时黄色，在栽培条件下，直径可达 5.5 cm，茎紫红色。叶通常在茎基部集成莲座状，向上则强烈缩小成苞片，或逐渐缩小而在茎上互生；叶片卵形至长椭圆形，上面绿色，下面略带紫色或成紫红色，长 2~13 cm，宽 1~6 cm，边缘具不规则圆齿或钝锯齿以至牙齿；基部渐狭成柄，叶脉在上面凹陷，下面隆起（图 44-1）。花具长 0.5~3 cm 之梗，梗细弱，弯曲而后上升，在茎顶部略排列成总状花序，

图 44-1　地黄

或几全部单生叶腋而分散在茎上（图 44–2）；萼长 1~1.5 cm，密被多细胞长柔毛和白色长毛，具 10 条隆起的脉；萼齿 5 枚，矩圆状披针形或卵状披针形，亦或三角形，长 0.5~0.6 cm，宽 0.2~0.3 cm，稀前方 2 枚各又开裂而使萼齿总数达 7 枚之多；花冠长 3~4.5 cm；花冠筒多少弓曲，外面紫红色，被多细胞长柔毛；花冠裂片，5 枚，先端钝或微凹，内面黄紫色，外面紫红色，两面均被多细胞长柔毛，长 5~7 mm，宽 4~10 mm（图 44–3）；雄蕊 4 枚；药室矩圆形，长 2.5 mm，宽 1.5 mm，基部叉开，而使两药室常排成一直线，子房幼时 2 室，老时因隔膜撕裂而成一室，无毛，花药着生方式为“个”字着药（图 44–4），开裂方式为纵裂（图 44–5）；花柱顶部扩大成 2 枚片状柱头（图 44–6）。子房上位，2 心皮，2 室（图 44–7、图 44–8）。

【采收】花期、果期 4~7 月，地黄种子一般在 6 月份开始陆续成熟，采摘，晒干贮藏，也可随采随用。

【果实及种子形态】蒴果卵形至长卵形，长 1~1.5 cm（图 44–9）。种子极小，呈浅灰棕色，长约 1 mm，宽约 5 mm，表面呈蜂窝状（图 44–10、图 44–11、图 44–12）。

【种子贮藏要求】正常型，常温，通风干燥贮存。

图 44–2　地黄的花序

图 44–3　地黄的花及花萼

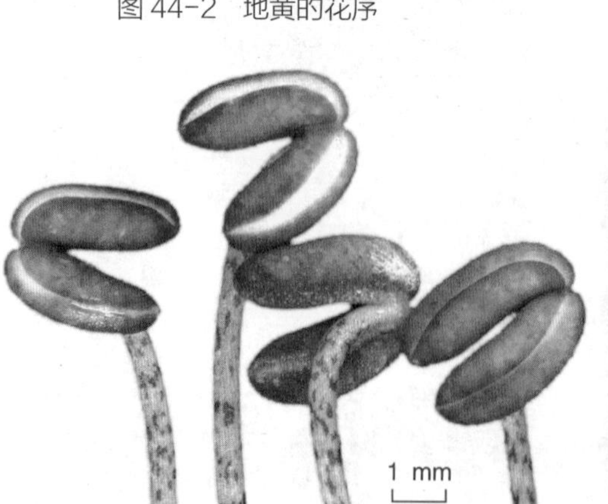

图 44–4　地黄的雄蕊及花药

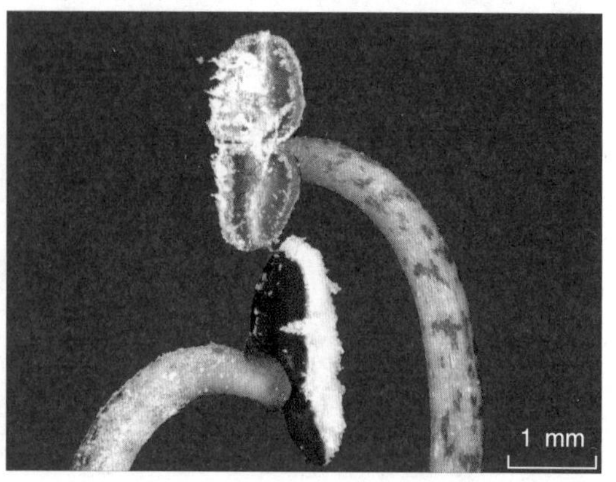

图 44–5　地黄的花药开裂方式

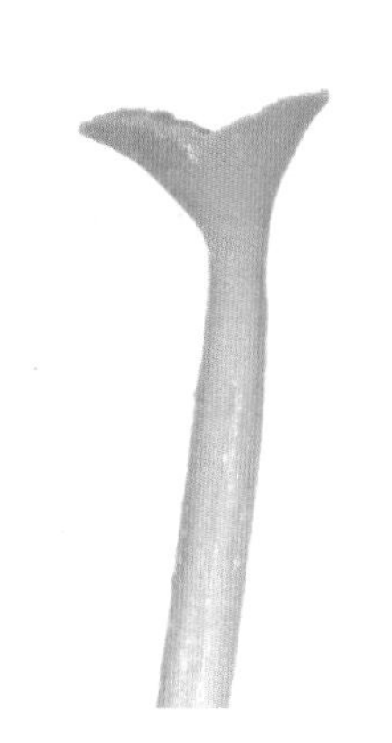

图 44-6　地黄的柱头

图 44-7　地黄的子房

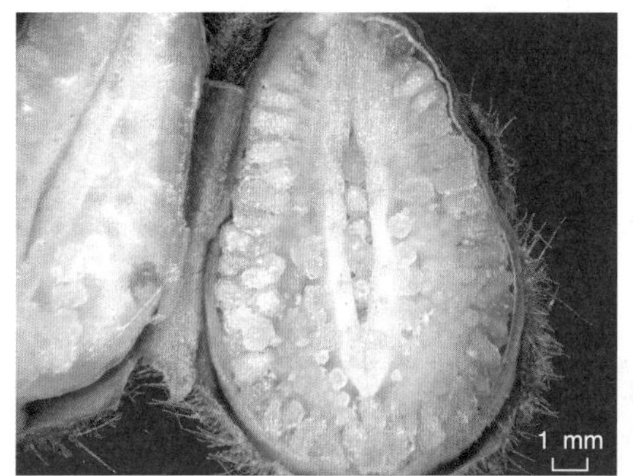

图 44-8　地黄的每室多胚珠

图 44-9　地黄的果实

图 44-10　地黄的种子

图 44-11　地黄的种子横切面

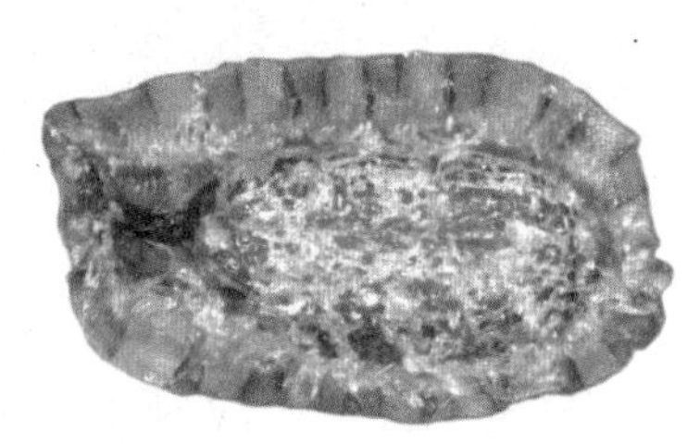

图 44-12　地黄的种子纵切面

45. 何首乌

【别名】多花蓼、紫乌藤、夜交藤。

【来源】蓼科多年生草本植物何首乌 *Polygonum multiflorum* Thunb.。

【产地】何首乌家种和野生都有，全国分布很广。野生何首乌主产于贵州、重庆、四川、云南、广西、湖北等地。家种何首乌主产于广东、湖南，河北亦有少量栽培。

【功能主治】何首乌的块根入药称何首乌，具有解毒，消痈，截疟，润肠通便的功效。用于疮痈，瘰疬，风疹瘙痒，久疟体虚，肠燥便秘。何首乌的干燥藤茎入药称首乌藤，具有养血安神，祛风通络的功效。用于失眠多梦，血虚身痛，风湿痹痛，皮肤瘙痒。

【植物形态】块根肥厚，长椭圆形，黑褐色。茎缠绕，长 2~4 m，多分枝，具纵棱，无毛，微粗糙，下部木质化（图 45–1）。叶卵形或长卵形，长 3~7 cm，宽 2~5 cm，顶端渐尖，基部心形或近心形，两面粗糙，边缘全缘；叶柄长 1.5~3 cm；托叶鞘膜质，偏斜，无毛，长 3~5 mm（图 45–2）。花序圆锥状，顶生或腋生，长 10~20 cm，分枝开展，

图 45–1　何首乌

具细纵棱，沿棱密被小突起（图 45–3）；苞片三角状卵形，具小突起，顶端尖，每苞内具 2~4 花；花梗细弱，长 2~3 mm，下部具关节，果时延长（图 45–4）；花被 5 深裂，白色或淡绿色，花被片椭圆形，大小不相等，外面 3 片较大背部具翅，果时增大（图 45–5），花被果时外形近圆形，直径 6~7 mm；雄蕊 8，花丝下部较宽（图 45–6）；花柱 3，极短，柱头头状（图 45–7）。

图 45–2　何首乌的叶形

图 45–3　何首乌的花序

图 45–4　何首乌的苞片及花

图 45–5　何首乌的花被增大

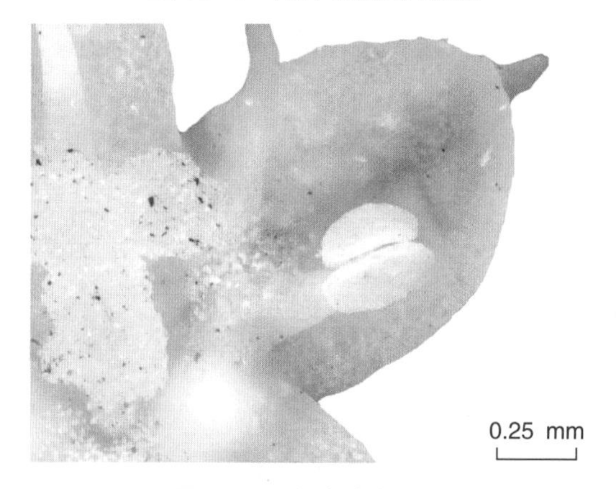

图 45–6　何首乌的雄蕊

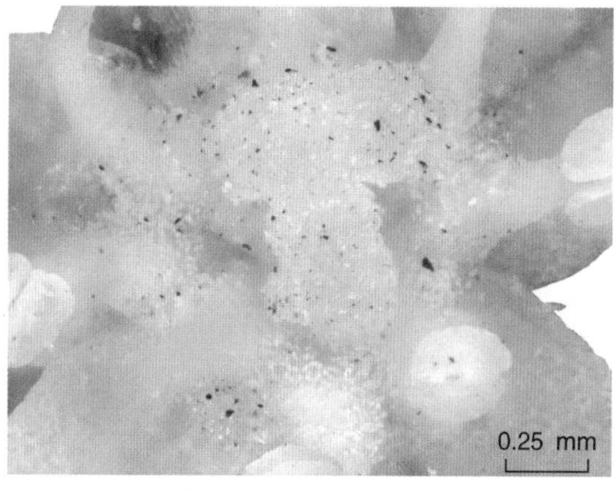

图 45–7　何首乌的花柱

【采收】花期 8~9 月，果期 9~10 月。果实成熟时采下果序，去除果皮，留下种子，晒干，贮存。

【果实及种子形态】瘦果卵形，具 3 棱，长 2.5~3 mm，黑褐色，有光泽，包于宿存花被内（图 45-8、图 45-9、图 45-10）。种子为三棱形的小型种子，成熟种子表面为深褐色或棕褐色。

【种子萌发特性】何首乌种子在每天 12 小时光照条件下，种子的萌发率为 58.67%，该条件下种子的萌发率和萌发趋势均高于黑暗条件下的种子萌发率和萌发趋势，给予何首乌种子适宜的光照，可以提高种子的发芽率。恒温条件下培养何首乌种子，其萌发率介于 62.67%~80.00% 之间，发芽势介于 45.33%~66.67%；变温条件下其发芽率和发芽势分别介于 0%~59.33%，0%~43.33% 之间，恒温条件下萌发率相对较高，较适宜何首乌种子的萌发。何首乌种子萌发的最适温度为 25℃，在 0~10℃条件下，何首乌种子不发芽，低温会抑制何首乌种子的萌发。赤霉素和 6-BA 处理也会提高何首乌种子的萌发率，其中，高浓度的赤霉素（1000 mg/L）浸种降低种子的萌发率，低浓度的赤霉素（200 mg/L 和 100 mg/L）浸种则有效地提高了种子的萌发率，当赤霉素浓度在 200 mg/L 时浸种，种子的萌发率达到最高，为 80.00%。不同浓度的 6-BA 对于何首乌种子的萌发和发芽势影响不显著，低浓度可以促进种子的萌发，高浓度则表现显著的抑制作用。

【种子储藏要求】正常型，置于通风干燥处贮藏。

图 45-8　何首乌的果实

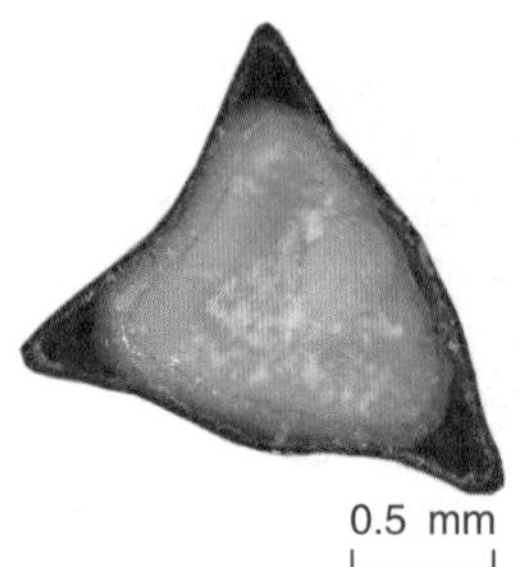

图 45-9　何首乌的果实横切面

图 45-10　何首乌的果实纵切面

46. 商陆

【别名】花商陆、山萝卜、白商陆、野萝卜。

【来源】商陆科多年生草本植物商陆 *Phytolacca acinosa* Roxb.。

【产地】全国各地均有分布，主产于安徽、江苏、山东等省。

【功能主治】商陆根入药称商陆，具有逐水消肿，通利二便的功效；外用解毒散结。用于水肿胀满，二便不通；外治痈肿疮毒。

【植物形态】多年生草本，高 0.5~1.5 m，全株无毛。根肥大，肉质，倒圆锥形，外皮淡黄色或灰褐色，内面黄白色。茎直立，圆柱形，有纵沟，肉质，绿色或红紫色，多分枝（图 46–1）。叶互生，叶片薄纸质，椭圆形、长椭圆形或披针状椭圆形，长 10~30 cm，宽 4.5~15 cm，顶端急尖或渐尖，基部楔形，渐狭，两面散生细小白色斑点（针晶体），背面中脉凸起；叶柄长 1.5~3 cm，粗壮，上面有槽，下面半圆形，基部稍扁宽（图 46–2、图 46–3）。总状花序顶生或与叶对生，圆柱状，直立，通常比叶短，密生多花（图 46–4）；花序梗长 1~4 cm；花梗基部的苞片线形，长约 1.5 mm，上部 2 枚小苞片线状披针形，均膜质；花梗细，长 6~10 (~13) mm，基部变粗（图 46–5）；花两性，直径约 8 mm；花被片 5，白色、黄绿色，椭圆形、卵形或长圆形，顶端圆钝，长 3~4 mm，宽约 2 mm，大小相等，花后常反折（图 46–6）；雄蕊 8~10，与花被片近等长，花丝白色，钻形，基部成片状，宿存，花药椭圆形（图 46–7）；花柱短，直立，顶

图 46–1 商陆

端下弯，柱头不明显（图 46-8）。

【采收】花期 5~8 月，果期 6~10 月。果实成熟时采摘，去除果皮，晒干，除净杂质，储存。

【果实及种子形态】果序直立；浆果扁球形，直径约 7 mm，熟时黑色（图 46-9）；

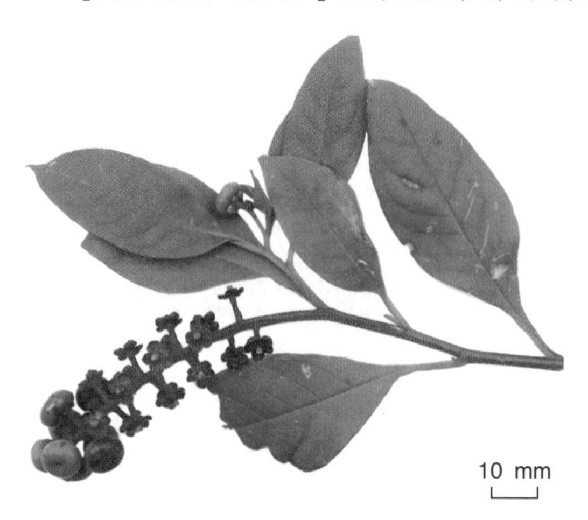

图 46-2　商陆的叶序

图 46-3　商陆的叶形

图 46-4　商陆的花序

图 46-5　商陆的花梗及苞片

图 46-6　商陆的花

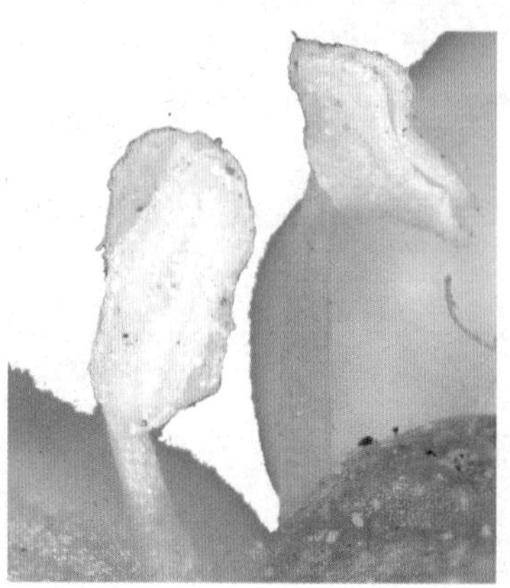

图 46-7　商陆的雄蕊

种子肾形，黑色，长约 3 mm，种脐位于肾形弯曲处，胚呈环形弯曲，乳白色，胚乳白色（图 46-10、图 46-11、图 46-12）。

【种子萌发特性】商陆种皮较厚、硬，是限制商陆萌发的主要原因，需要进行预处理。1%NaOH 预处理 20 分钟，商陆种子的萌发率最高达到 20%。72%H_2SO_4 预处理后，商陆种子的发芽率达到 76%；赤霉素处理也能提高种子萌发率。40℃高温高湿预处理 10 天后，发芽率达到 48%。-20℃冷藏预处理商陆种子 5 天发芽率达到最高。商陆种子在光照条件下比在黑暗条件下萌发率要高。

【种子储藏要求】正常型，常温，通风干燥处储存。

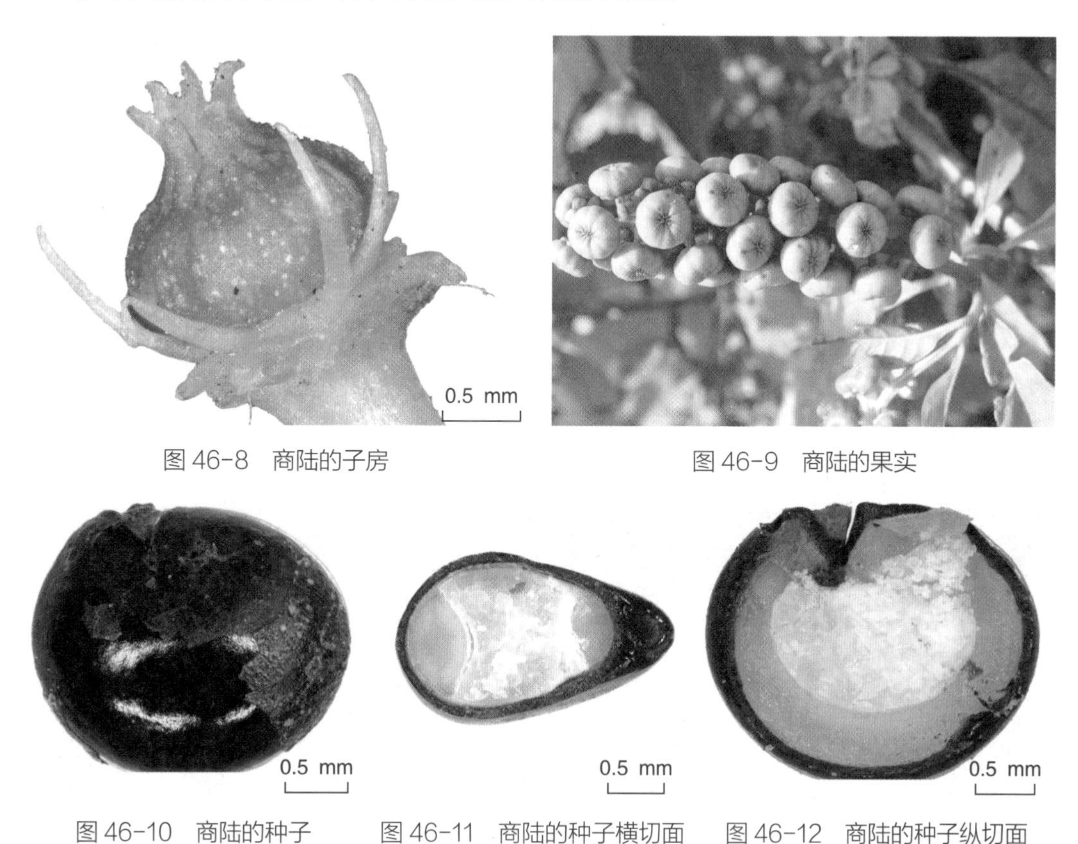

图 46-8　商陆的子房

图 46-9　商陆的果实

图 46-10　商陆的种子

图 46-11　商陆的种子横切面

图 46-12　商陆的种子纵切面

47. 藿香

【别名】山茴香、香荆芥、土藿香、大叶薄荷、野薄荷。

【来源】唇形科多年生草本植物藿香 *Agastache rugosa*（Fisch. et Mey.）O. Ktze.。

【产地】主产于我国广东、海南、台湾、广西、云南等地。

【功能主治】藿香全草入药称藿香，具有祛暑解表，化湿和胃的功效。用于暑湿感冒，胸闷，腹痛吐泻。

【植物形态】茎直立，高 0.5~1.5 m，四棱形，粗达 7~8 mm，上部被极短的细毛，下部无毛，在上部具能育的分枝（图 47–1）。叶心状卵形至长圆状披针形，长 4.5~11 cm，宽 3~6.5 cm，向上渐小，先端尾状长渐尖，基部心形，稀截形，边缘具粗齿，纸质，上面橄榄绿色，近无毛，下面略淡，被微柔毛及点状腺体；叶柄长 1.5~3.5 cm（图 47–2）。多花，在主茎或侧枝上组成顶生密集的圆筒形穗状花序，穗状花序长 2.5~12 cm，直径 1.8~2.5 cm；花序基部的苞叶长不超过 5 mm，宽约 1~2 mm，披针状线形，长渐尖，苞片形状与之相似，较小，长约 2~3 mm；轮伞花序具短梗，总梗长约 3 mm，被腺微柔毛（图 47–3）。萼管状倒圆锥形，长约 6 mm，宽约 2 mm，被腺微柔毛及黄色小腺体，多少染成浅紫色或紫红色，喉部微斜，萼齿三角状披针形，后 3

图 47–1 藿香

齿长约 2.2 mm，前 2 齿稍短（图 47–4）。花冠淡紫蓝色，长约 8 mm，外被微柔毛，冠筒基部宽约 1.2 mm，微超出于萼，向上渐宽，至喉部宽约 3 mm，冠檐二唇形，上唇直伸，先端微缺，下唇 3 裂，中裂片较宽大，长约 2 mm，宽约 3.5 mm，平展，边缘波状，基部宽，侧裂片半圆形（图 47–5）。雄蕊 4，伸出花冠，花丝细，扁平，无毛，花药着生方式为基着药，开裂方式为纵裂。花柱与雄蕊近等长，丝状，先端相等的 2 裂（图 47–6）。花盘厚环状。子房上位，2 心皮，子房裂片顶部具绒毛（图 47–7）。

图 47-2　藿香的叶

图 47-3　藿香的花序

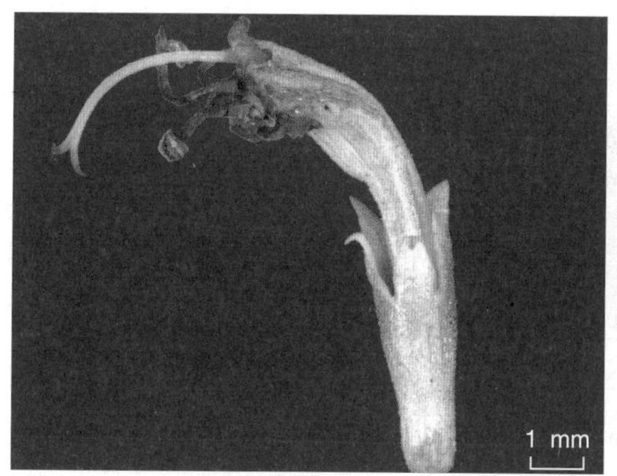

图 47-4　藿香的花萼

图 47-5　藿香的花冠

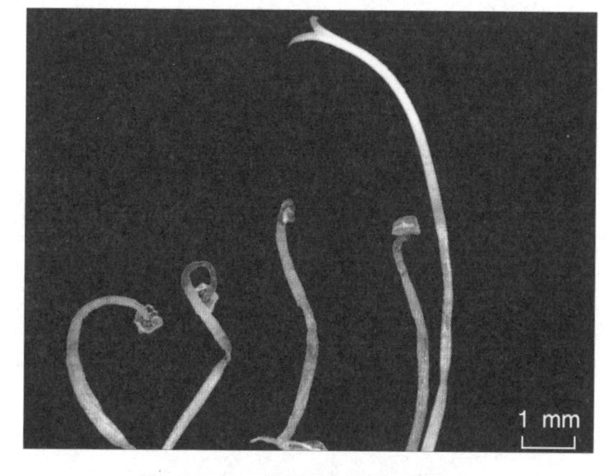

图 47-6　藿香的雄蕊和雌蕊

图 47-7　藿香的子房

【采收】花期 6~9 月，果期 9~11 月。秋季果实成熟，采摘果序，脱粒，除去杂质，贮存。

【果实及种子形态】成熟小坚果卵状长圆形，长约 1.8 mm，宽约 1.1 mm，腹面具棱，先端具短硬毛，褐色（图 47–8）。种子卵状长圆形，胚乳为白色，大小相等（图 47–9、图 47–10）。

【种子萌发特性】贮藏时间越长其种子的发芽率就越低，贮藏 3 年以内的种子可以保持较高的发芽率，在 70% 左右。贮藏 4 年及以上的种子发芽率不足 10%，而且其在幼苗期受到一定程度的抑制。藿香种子在 15~30℃范围内均可不同程度地萌发，其最适合的萌发温度为 25℃。15℃条件下 3 天，种子开始萌发。光照也是影响藿香种子发芽的一个因素，光照条件下种子的发芽率为 88%、发芽势为 87%；黑暗条件下藿香种子的发芽率为 81%、发芽势为 74%。适当的光照有助于提高藿香种子的萌发。砂质和土质种子的发芽率和发芽势均下降，纸上发芽是最适合藿香种子发芽的基质。盐浓度为 50 mmol/L 时藿香种子可以保持发芽活性，随着盐浓度的升高其各项指标均下降，对藿香种子萌发起抑制作用。

【种子贮藏要求】正常型，常温贮藏 3 年以内。

图 47–8　藿香的果实及种子

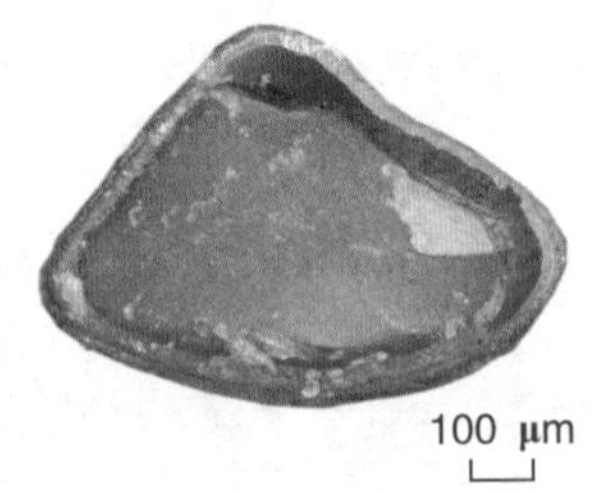

图 47–9　藿香的种子横切面

图 47–10　藿香的种子纵切面

48. 金荞麦

【别名】三角麦、天荞麦、透骨消、苦荞头。

【来源】蓼科多年生草本植物金荞麦 *Fagopyrum dibotrys*（D. Don）Hara。

【产地】主产于四川、重庆、湖南、广西、陕西、江苏等地。

【功能主治】金荞麦的干燥根茎入药称金荞麦，具有清热解毒，排脓祛瘀的功效。用于肺痈吐脓，肺热喘咳，乳蛾肿痛。

【植物形态】根状茎木质化，黑褐色。茎直立，高 50~100 cm，分枝，具纵棱，无毛。有时一侧沿棱被柔毛（图 48–1）。叶三角形，长 4~12 cm，宽 3~11 cm，顶端渐尖，基部近戟形，边缘全缘，两面具乳头状突起或被柔毛；叶柄长可达 10 cm；托叶鞘筒状，膜质，褐色，长 5~10 mm，偏斜，顶端截形，无缘毛（图 48–2）。花序伞房状，顶生或腋生（图 48–3）；苞片卵状披针形，顶端尖，边缘膜质，长约 3 mm，每苞内具 2~4 花；花梗中部具关节，与苞片近等长（图 48–4）；花被 5 深裂，白色，花被片长椭圆形，长约 2.5 mm（图 48–5）；雄蕊 8，花药着药方式为背着药，纵裂，比花被短（图 48–6）；花柱 3, 柱头头状（图 48–7）；子房上位，1 室。

图 48–1 金荞麦

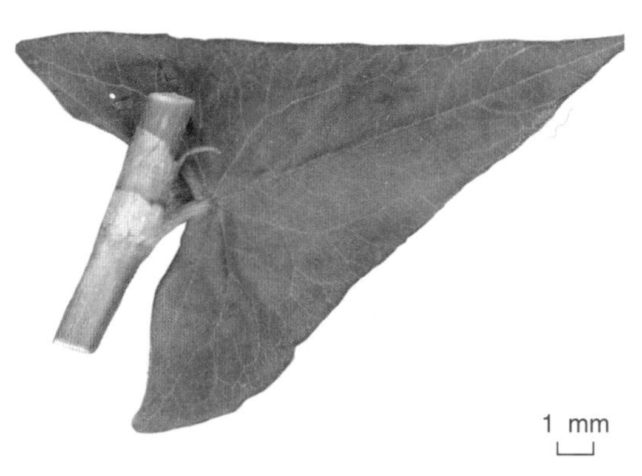

图 48-2　金荞麦的叶

图 48-3　金荞麦的花序

图 48-4　金荞麦的苞片

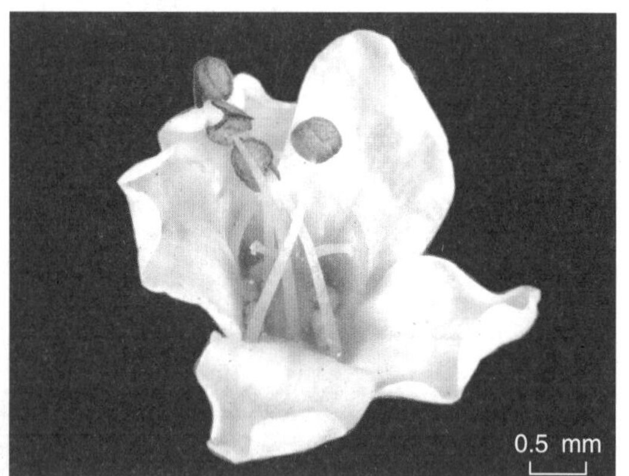

图 48-5　金荞麦的花被

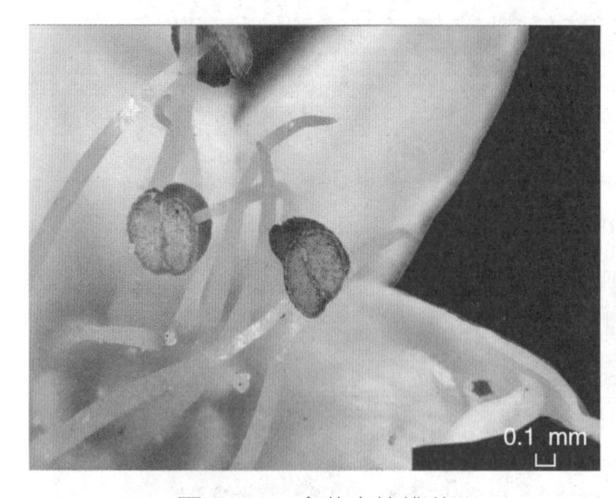

图 21-6　金荞麦的雄蕊

图 48-7　金荞麦的雌蕊

【采收】花期 7~9 月，果期 8~10 月。待果实成熟，由绿色变为褐色时采收，脱去果皮，除净杂质，晒干，储存。

【果实及种子形态】瘦果宽卵形，具 3 锐棱，长 6~8 mm，黑褐色，无光泽，超出宿存花被 2~3 倍（图 48-8）。种子为三角形，胚乳为白色，胚为黄白色，横断面呈 S 型弯曲（图 48–9、图 48–10）。

【**种子萌发特性**】金荞麦种子活力较小，结实率和发芽率不高。金荞麦种子适宜的萌发温度为 25~35℃，最适萌发温度为 35℃，此温度下金荞麦种子萌发率最高，为 55.48%。不同植物生长调节剂对金荞麦种子萌发的影响不同，赤霉素能激活植物的基因，控制酶蛋白的合成和酶的分泌，从而促进代谢，当 GA_3 的浓度为 20 mg/L、100 mg/L、150 mg/L、200 mg/L 时，提升了种子的活性，促进种子的萌发，其发芽率、发芽指数明显升高，150 mg/L GA_3 的是最理想的浸种浓度；6–BA 浸种对于金荞麦种子的萌发和幼苗的生长具有较大的影响，6–BA 浓度为 0.02 mg/L、0.1 mg/L、0.5 mg/L、2.5 mg/L 时，提升了种子的活性，促进了种子的萌发，对于金荞麦的发芽而言，0.1 mg/L 的 6–BA 浸种最理想。

【**种子贮藏要求**】正常型，置于通风干燥处储存。

图 48–8　金荞麦的果实

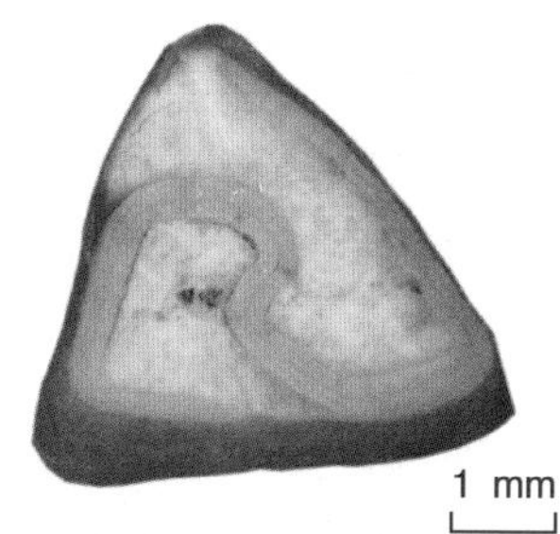

图 48–9　金荞麦的种子横切面

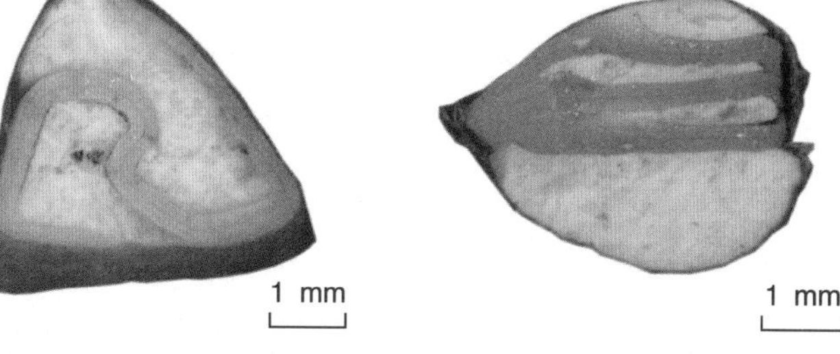

图 48–10　金荞麦的种子纵切面

49. 夏枯草

【**别名**】麦穗夏枯、麦夏枯。

【**来源**】唇形科多年生草本植物夏枯草 *Prunella vulgaris* L.。

【**产地**】主产于江苏、安徽、浙江等地。

【**功能主治**】夏枯草的干燥果穗入药称夏枯草，具有清肝泻火，明目，散结消肿的功效。用于目赤肿痛，目珠夜痛，头痛眩晕，瘰疬，瘿瘤，乳痈，乳癖，乳房胀痛。

【**植物形态**】根茎匍匐，在节上生须根。茎高 20~30 cm，上升，下部伏地，自基部多分枝，钝四棱形，其浅槽，紫红色，被稀疏的糙毛或近于无毛（图 49-1）。茎叶卵状长圆形或卵圆形，大小不等，长 1.5~6 cm，宽 0.7~2.5 cm，先端钝，基部圆形、截形至宽楔形，下延至叶柄成狭翅，边缘具不明显的波状齿或几近全缘，草质，上面橄榄绿色，具短硬毛或几无毛，下面淡绿色，几无毛，侧脉 3~4 对，在下面略突出，叶柄长 0.7~2.5 cm，自下部向上渐变短（图 49-2）；花序下方的一对苞叶似茎叶，近卵圆形，无柄或具不明显的短柄。轮伞花序密集组成顶生、长 2~4 cm 的穗状花序，每一轮伞花序下有苞片（图 49-3）；苞片宽心形，通常长约 7 mm，宽约 11 mm，先端具长 1~2 mm

图 49-1　夏枯草

的骤尖头，脉纹放射状，外面在中部以下沿脉上疏生刚毛，内面无毛，边缘具睫毛，膜质，浅紫色（图 49–4）。花萼钟形，连齿长约 10 mm，筒长 4 mm，倒圆锥形，外面疏生刚毛，二唇形，上唇扁平，宽大，近扁圆形，先端几截平，具 3 个不很明显的短齿，中齿宽大，齿尖均呈刺状微尖，下唇较狭，2 深裂，裂片达唇片之半或以下，边缘具缘毛，先端渐尖，尖头微刺状。花冠紫色、蓝紫色或红紫色，长约 13 mm，略超出于萼，冠筒长 7 mm，基部宽约 1.5 mm，其上向前方膨大，至喉部宽约 4 mm，外面无毛，内面约近基部 1/3 处具鳞毛毛环，冠檐二唇形，上唇近圆形，径约 5.5 mm，内凹，多少呈盔状，先端微缺，下唇约为上唇 1/2，3 裂，中裂片较大，近倒心脏形，先端边缘具流苏状小裂片，侧裂片长圆形，垂向下方，细小（图 49–5、图 49–6）。雄蕊 4，前对长很多，均上升至上唇片之下，彼此分离，花丝略扁平，无毛，前对花丝先端 2 裂，1 裂片能育具花药，另 1 裂片钻形，长过花药，稍弯曲或近于直立，后对花丝的不育裂片微呈瘤状突出，花药 2 室，室极叉开（图 49–7）。花柱纤细，先端相等 2 裂，裂片钻形，外弯（图 49–8）。花盘近平顶。子房无毛（图 49–9）。

图 49-2　夏枯草的叶

图 49-3　夏枯草的花序

图 49-4　夏枯草的苞片

图 49-5　夏枯草的花萼

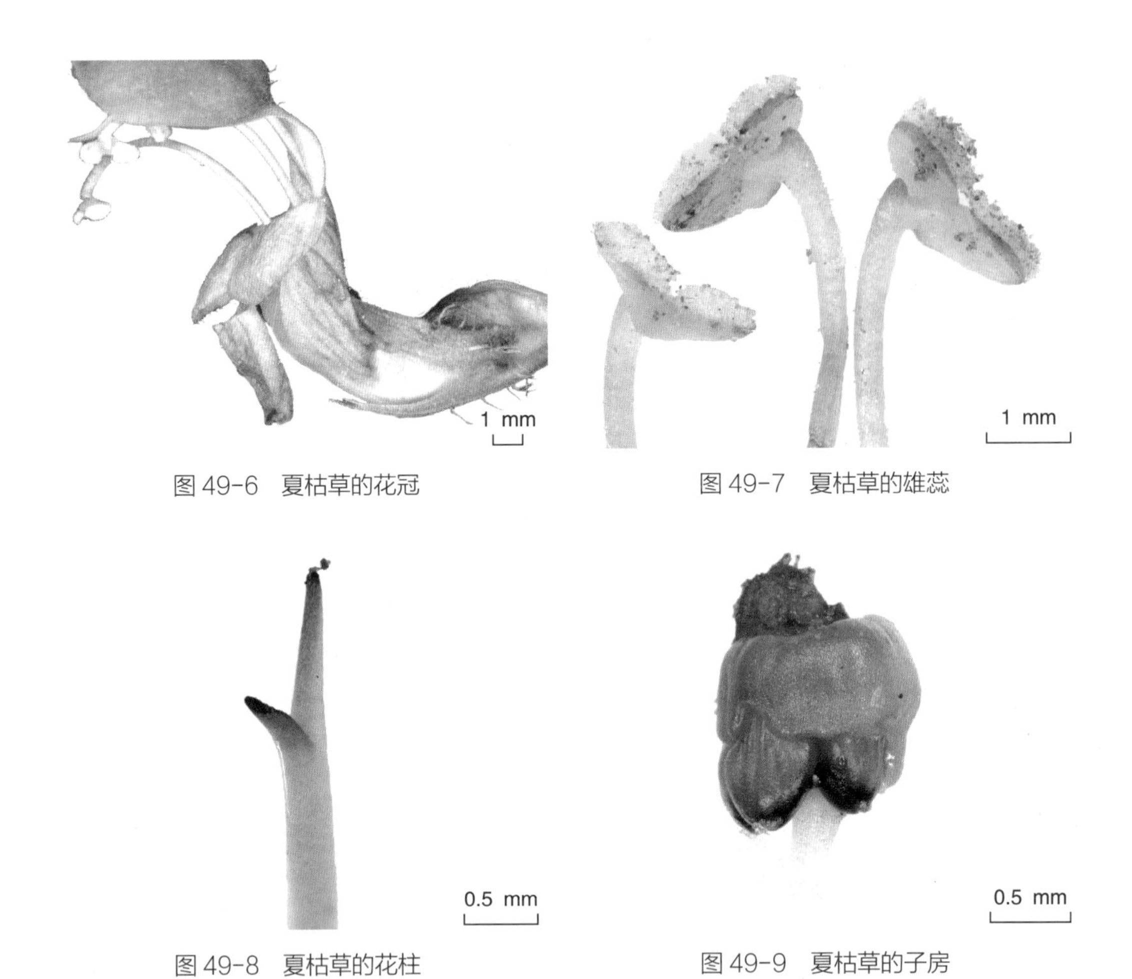

图 49-6　夏枯草的花冠

图 49-7　夏枯草的雄蕊

图 49-8　夏枯草的花柱

图 49-9　夏枯草的子房

【采收】花期 4~6 月，果期 7~10 月。花穗变黄褐色时，摘下果穗晒干，抖下种子。去其杂质，晒干。

【果实及种子形态】小坚果黄褐色，长圆状卵珠形，长 1.8 mm，宽约 0.9 mm，微具沟纹（图 49-10）。种子的种脐明显位于较窄端的顶端，胚小，胚乳大（图 49-11、图 49-12）。

【种子萌发特性】夏枯草是轮伞花序，自上而下依次开花，果穗的不同部位种子的

图 49-10　夏枯草的果实　图 49-11　夏枯草的种子横切面　图 49-12　夏枯草的种子纵切面

成熟度不同，中下部种子的发芽率最高。种子储存的时间越长，其萌发率越低。夏枯草种子的发芽适宜温度为 15℃，室内发芽的以砂床为好，田间播种适宜浅播，不宜太深，一般不大于 0.5 cm。光照对于夏枯草种子的发芽影响不大，20%~30% 聚乙二醇 PEG、200~400 mg/L 的赤霉素处理夏枯草种子，结果显示均能促进夏枯草种子的发芽，提高种子的活力。

【种子储藏要求】低温干燥储存。

50. 月见草

【别名】 山芝麻、夜来香。

【来源】 柳叶菜科二年生草本植物月见草 *Oenothera biennis* L.。

【产地】 我国东北、华北及四川、贵州、河北等地均有栽培。

【功能主治】 月见草种子称月见草子，多为月见草油的原料药；月见草根入药有祛风湿、强筋骨的功效，用于腰膝酸软，风湿痹痛。

【植物形态】 基生莲座叶丛紧贴地面；茎高 50~200 cm，不分枝或分枝，被曲柔毛与伸展长毛（毛的基部疱状），在茎枝上端常混生有腺毛（图 50–1）。基生叶倒披针形，长 10~25 cm，宽 2~4.5 cm，先端锐尖，基部楔形，边缘疏生不整齐的浅钝齿，侧脉每侧 12~15 条，两面被曲柔毛与长毛；叶柄长 1.5~3 cm。茎生叶椭圆形至倒披针形，长 7~20 cm，宽 1~5 cm，先端锐尖至短渐尖，基部楔形，边缘每边有 5~19 枚稀疏钝齿，侧脉每侧 6~12 条，每边两面被曲柔毛与长毛，尤茎上部的叶下面与叶缘常混生有腺毛；叶柄长 0~15 mm（图 50–2）。花序穗状，不分枝，或在主序下面具次级侧生花序；

图 50–1　月见草

苞片叶状，芽时长及花的 1/2，长大后椭圆状披针形，自下向上由大变小，近无柄，长 1.5~9 cm，宽 0.5~2 cm，果时宿存，花蕾锥状长圆形，长 1.5~2 cm，粗 4~5 mm，顶端具长约 3 mm 的喙（图 50–3）；花管长 2.5~3.5 cm，径 1~1.2 mm，黄绿色或开花时带红色，被混生的柔毛、伸展的长毛与短腺毛；花后脱落；萼片绿色，有时带红色，长圆状披针形，长 1.8~2.2 cm，下部宽大处 4~5 mm，先端骤缩成尾状，长 3~4 mm，在芽时直立，彼此靠合，开放时自基部反折，但又在中部上翻，毛被同花管；花瓣黄色，稀淡黄色，宽倒卵形，长 2.5~3 cm，宽 2~2.8 cm，先端微凹缺（图 50–4、图 50–5）；花丝近等长，长 10~18 mm；花药长 8~10 mm，花粉约 50% 发育（图 50–6）；子房绿色，圆柱状，具 4 棱，长 1~1.2 cm，粗 1.5~2.5 mm，密被伸展长毛与短腺毛，有时混生曲柔毛；花柱长 3.5~5 cm，伸出花管部分长 0.7~1.5 cm；柱头围以花药（图 50–7）。开花时花粉直接授在柱头裂片上，裂片长 3~5 mm（图 50–8）。

【采收】7~8 月果实成熟时采收，剪果序或拔全株，晒干，压或敲打，收集种子，除去杂质，储存。

【果实及种子形态】蒴果锥状圆柱形，向上变狭，长 2~3.5 cm，径 4~5 mm，直立。

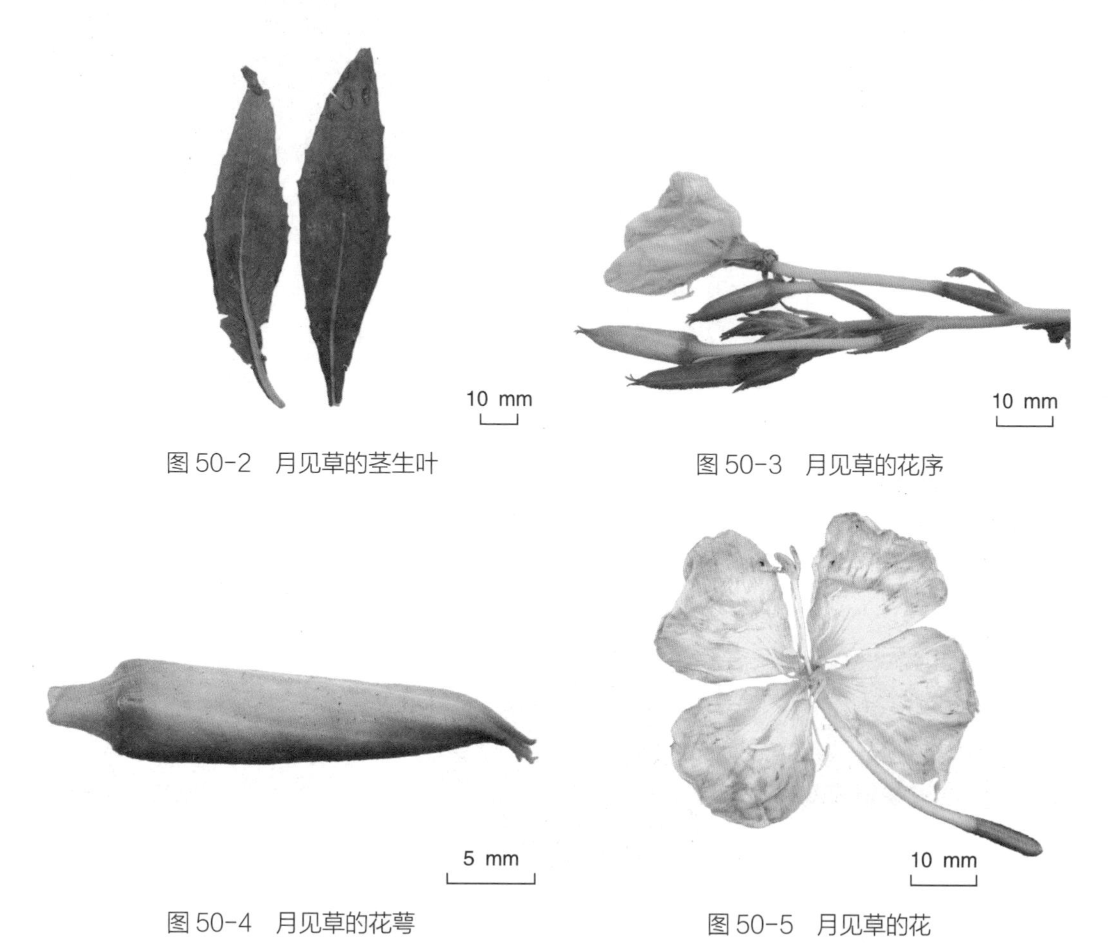

图 50–2　月见草的茎生叶

图 50–3　月见草的花序

图 50–4　月见草的花萼

图 50–5　月见草的花

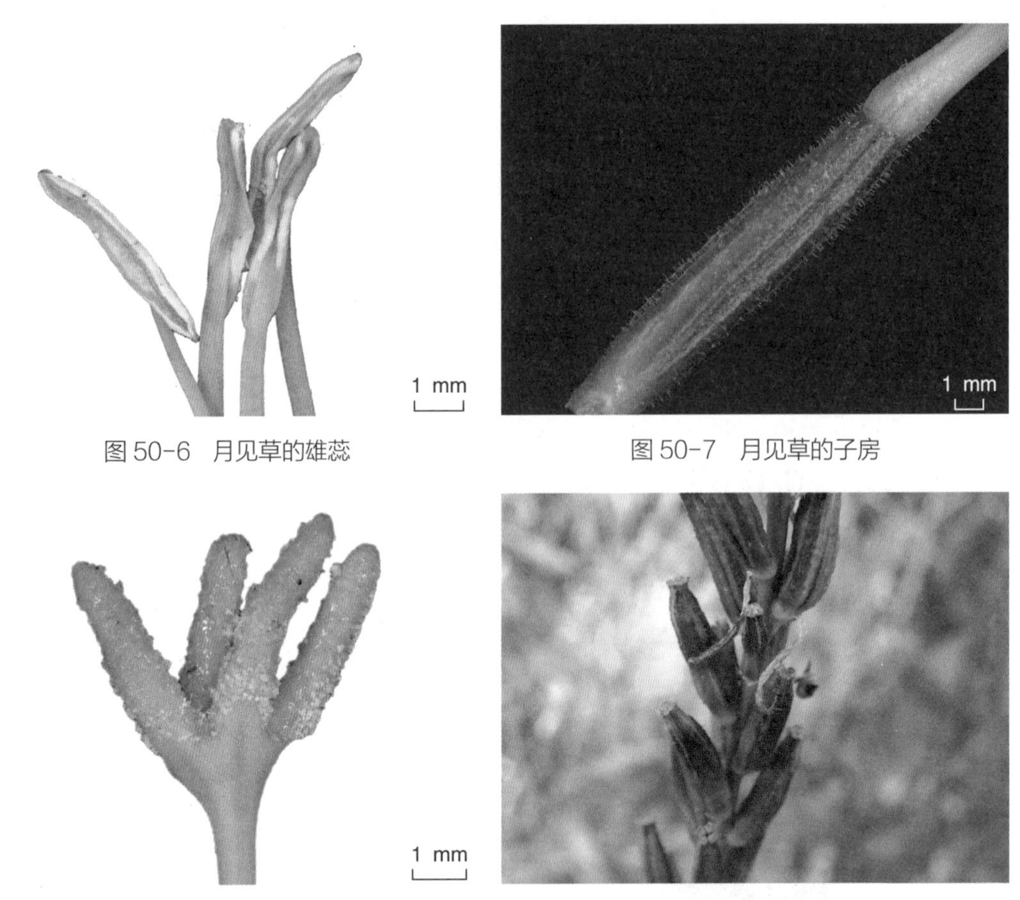

图 50-6　月见草的雄蕊　　图 50-7　月见草的子房

图 50-8　月见草的花柱　　图 50-9　月见草的果实

绿色，毛被同子房，但渐变稀疏，具明显的棱（图 50–9）。种子呈锥形或不规则形，长 1.1~1.5 mm，宽 0.5~1.1 mm。表面黄褐色、紫褐色、褐色，多具三棱或四棱，表面纹理较大，略突起。放大镜下观察，种脐位于较小端，平截，颜色和种子相同。质较脆，手捻外皮易脱落（图 50–10、图 50–11、图 50–12）。

【种子萌发特性】月见草种子 20℃恒温条件下培养，浸种时间为 8~24 小时，种子的发芽率在 40% 以上；不浸种或浸种时间超过 24 小时，种子的发芽率低于 40%，种子的活力明显下降；浸种时间为 16 小时，发芽率和发芽势最高，说明浸种时间

图 50-10　月见草的种子　图 50-11　月见草的种子横切面　图 50-12　月见草的种子纵切面

16 小时为最佳浸种时间。经赤霉素处理后月见草种子萌发率会提高，赤霉素浓度为 400 mg/L 处理月见草种子，萌发率最高；赤霉素浓度高于 400 mg/L 时，萌发率下降。100 mg/L 6–BA 处理月见草种子，萌发率为 56.67%，也会提高种子的萌发率。

【种子储藏要求】正常型，置于通风干燥处储存。

参考文献

［1］丁万隆，陈震，王淑芳．百种药用植物栽培答疑［M］．北京：中国农业出版社，2010.
［2］康廷国．中药鉴定学［M］．北京：中国中医药出版社，2012.
［3］谈献和，王德群．药用植物学［M］．北京：中国医药科技出版社，2012
［4］宋廷杰．药用植物实用种植技术［M］．北京：金盾出版社，2006.
［5］官喜臣．北方主要药用植物种植技术［M］．北京：金盾出版社，2007.
［6］秦民坚，李贵英，徐国钧，等．温度对射干种子萌发影响的试验研究［J］．武汉植物学研究，2000（2）：151–156.
［7］冯娇，吴启南．菘蓝种子萌芽习性初步研究［J］．中华中医药学刊，2008（3）：576–577.
［8］孙昌高，许炫玉．药用植物种子手册［M］．北京：中国中医药出版社，1990.
［9］高赢，王晶，路金才，等．藿香种子的发芽特性研究［J］．种子，2017，36（6）：105–107.
［10］林琼，姜孝成．凤仙花种子的贮藏和萌发特性研究［J］．中国种业，2007（8）：47–49.
［11］林琼，肖娟．凤仙花种子萌发特性的研究［J］．衡阳师范学院学报，2007（3）：79–81.
［12］和根强，薛润光，郭承刚，等．丹参种子的萌发特性研究［J］．种子，2014，33（4）：82–83，85.
［13］祁军，王琼，江涛，等．酸枣种子萌发特性研究［J］．安徽农业科学，2008（16）：6758–6759.
［14］马玉涛，惠荣奎，刘焰．紫苏种子萌发特性的研究［J］．种子，2009，28（11）：49–51，55.
［15］杨丽，李磊，邸洋，等．不同外源物质对知母种子萌发影响的研究［J］．种子，2015，34（6）：80–83，87.
［16］郑诗强，张坚，李兴林，等．盐胁迫对知母种子萌发和幼苗生长的影响［J］．中药材，2016，39（10）：2185–2189.
［17］裴毅，张伟，聂江力，等．盐碱胁迫对知母种子萌发的影响［J］．天津农业科学，2016，22（12）：1–5，10.
［18］程波翔，钟国跃，谢欢．不同温度下穿心莲种子萌发的生理生化特性研究［J］．湖北

农业科学，2016，55（19）：5083-5086，5113.

［19］谢宗万．实用中药材经验鉴别［M］．北京：人民卫生出版社，2009.

［20］金世元．中药材传统鉴别经验［M］．北京：中国中医药出版社，2010.

［21］杜晓莉，陆荣生，马跃峰，等．中国菟丝子种子休眠解除方法研究［J］．江西农业学报，2013，25（11）：79-82.

［22］田伟，周巧梅，谢晓亮，等．远志种子萌发特性的研究［J］．时珍国医国药，2008（7）：1709-1710.

［23］史雷．曼陀罗种子休眠机理与破眠方法研究［D］．咸阳：西北农林科技大学，2011.

［24］赵则海，李佳倩，梁盛年，等．不同pH值对裂叶牵牛种子萌发和幼苗生长的影响［J］．肇庆学院学报，2009，30（2）：44-47.

［25］陈小娜，邱黛玉，李燕君，等．温度和水分对甘草种子萌发的影响［J］．中国农学通报，2015，31（34）：158-162.

［26］王景仪，孙宁，王妍，等．浓硫酸与温水浸种对决明子萌发的影响研究［J］．天津农学院学报，2017，24（1）：5-7，57.

［27］梁娟，危革．不同处理对商陆种子发芽率的影响［J］．北方园艺，2012（10）：184-186.

［28］许桂芳，王鸿升，孟丽．瓜蒌种子休眠原因与破除休眠研究［J］．氨基酸和生物资源，2010，32（1）：28-30.

［29］孟宪敏，陈翠果，侯广欣，等．连翘种子萌发特性研究［J］．中药材，2018（9）：1807-1809.

［30］牛芳芳，唐秀光，任士福，等．连翘种子萌发特性研究［J］．河北林果研究，2013，28（2）：150-153.

［31］韩金玲，张敏，杨晴，等．膜荚黄芪种子处理方法的筛选与优化［J］．黑龙江畜牧兽医，2017（10）：139-142.

［32］吴红，汤庚国，李霞，等．不同环境因子对落叶女贞种子萌发特性影响的研究［J］．河北林果研究，2016，31（3）：270-274.

［33］郭玉洁，刘冬云，赵莹．不同浸种处理对月见草种子萌发的影响［J］．河北林果研究，2017，32（Z1）：303-307.

［34］李卫东，王淞翰，于福来，等．益母草种子发芽和生活力检验方法的研究［J］．中国现代中药，2010，12（11）：15-16，38.

［35］芦站根，周文杰，孙世卫，等．光照、温度和NaCl对益母草种子萌发的影响［J］．北方园艺，2010（20）：181-183.

［36］刘丽娜，关文灵．何首乌种子萌发对温度、光照和外源生长调节物质的响应［J］．中药材，2012，35（11）：1732-1735.

［37］廖丽，俞欢慧，王志勇．青葙种子内源抑制物质的初步研究［J］．热带作物学报，2011，32（12）：2246–2249.

［38］许良政，罗来辉，刘惠娜，等．野生药食两用植物青葙种子萌发的初步研究［J］．植物生理学通讯，2009，45（6）：583–585.

［39］韦妍，李萍，田婵，等．不同浓度赤霉素浸种对刺蒺藜种子萌发特性的影响［J］．延安大学学报（自然科学版），2018，37（1）：84–87，91.

［40］刘路芳，马绍宾．滇大蓟种子特性和影响萌发因素研究［J］．种子，2005（12）：57–59.

［41］聂江力，裴毅，冯丹丹．NaCl和$NaHCO_3$胁迫对车前种子萌发的影响［J］．北方园艺，2015（5）：25–28.

［42］周艳玲，赵敏，宗妍．穿龙薯蓣种子萌发与内源抑制物质［J］．东北林业大学学报，2008（1）：39–40.

［43］李勐，张杰，熊英，等．穿龙薯蓣种子休眠机理的初步研究［J］．中国野生植物资源，2009，28（4）：48–50，53.

［44］杨利民，宋波，韩梅，等．不同处理方法对穿龙薯蓣种子萌发的影响［J］．中草药，2013，44（6）：755–759.

［45］李吟平．黄精种子贮藏生理研究［D］．咸阳：西北农林科技大学，2016.

［46］刘佳，朱翔，王文祥，等．黄精种子休眠的研究进展［J］．农学学报，2018，8（3）：11–15.

［47］杨洁颖．墨旱莲繁殖特性初探［J］．现代中药研究与实践，2017，31（5）：1–4.

［48］黄涵签，付航，王妍，等．不同处理对北柴胡种子萌发及幼苗生长的影响［J］．中草药，2017，48（24）：5247–5251.

［49］谭根堂．柴胡种子发芽影响因素研究进展［J］．陕西农业科学，2018，64（4）：87–90.

［50］李青莲．不同贮藏时间夏枯草种子萌发特性及播种技术研究［D］．郑州：河南农业大学，2017.

［51］刘宵宵，简美玲，毛润乾．夏枯草药材栽培技术研究进展［J］．东北农业大学学报，2012，43（3）：134–138.

［52］程红玉，方子森，纪瑛，等．苦参种子发芽特性研究［J］．种子，2010，29（11）：38–41.

［53］何俊星，何平，张益锋，等．温度和盐胁迫对金荞麦和荞麦种子萌发的影响［J］．西南师范大学学报（自然科学版），2010，35（3）：181–185.

［54］王宏信，杨素丹，刘红梅．不同植物生长调节剂对金荞麦种子萌发及幼苗生长的影响［J］．种子，2017，36（5）：19–22.

[55] 苗卫东，扈惠灵，周瑞金，等. 野生山楂种子休眠特性及破除方法探讨[J]. 北方园艺，2011（7）：27–29.
[56] 杨晓玲，郭守华，张建文，等. 山楂种子抑制物质的提取分离及生物测定[J]. 经济林研究，2008，26（4）：63–67.
[57] 汪洋，刘玉艳，刘晓薇，等. 不同处理条件对红蓼种子萌发的影响[J]. 种子，2017，36（7）：51–55.
[58] 许桂芳，卫秀英，王金虎. 红蓼生物学特性及园林应用研究[J]. 林业实用技术，2006（1）：41–42.
[59] 宋双，孙嘉欣，张怡. 不同处理方法对蒲公英种子萌发的影响[J]. 宁夏农林科技，2016，57（9）：5–6，11.
[60] 徐思远，张建，郑茜. 温度和盐碱度对药用蒲公英种子萌发的影响[J]. 种子，2016，35（1）：87–89.
[61] 张洁，孙亚莉，李梦露. 4种植物激素对鸢尾种子萌发的影响[J]. 山西农业科学，2018，46（6）：912–914.